山东社会科学院　主办　　·2016年创刊·

中国海洋经济

主编　孙吉亭

MARINE ECONOMY IN CHINA

VOL.6,NO.1,2021

EDITOR IN CHIEF: SUN JITING

第11辑

社会科学文献出版社
SOCIAL SCIENCES ACADEMIC PRESS (CHINA)

学术委员

Academic Committee

编 委 会

Editorial Committee

编　辑　部

编辑部主任　孙吉亭

编　　　辑　王苧萱　谭晓岚　徐文玉

Editorial Department

历心于山海而国家富

——主编的话

海洋是生命的摇篮、资源的宝库，也是人类赖以生存的“第二疆土”和“蓝色粮仓”。中国自古便有“舟楫为舆马，巨海化夷庚”的海洋战略和“观于海者难为水，游于圣人之门者难为言”的海洋意识，中国海洋事业的发展也跨越时空长河和历史积淀而逐步走向成熟、健康、可持续的新里程。从山东半岛蓝色经济区发展战略的确立到“一带一路”重大倡议的推动，海洋经济增长日新月著。一方面，随着国家海洋战略的不断深入，高等院校、科研院所以及政府、企业对海洋经济的学术研究呈现破竹之势，急需更多的学术交流平台和研究成果传播渠道；另一方面，国际海洋竞争的日趋激烈，给海洋资源与环境带来沉重的压力与负担，亟须我们剖析海洋发展理念、发展模式、科学认知和科学手段等方面的深层问题。《中国海洋经济》的创刊恰逢其时，不可阙如。

当我们一起认识中国海洋与海洋发展，了解先辈对海洋的追求和信仰，体会中国海洋事业的艰辛与成就，我们会看到灿烂的海洋遗产和资源，看到巨大的海洋时代价值，看到国家建设“海洋强国”的美好愿景和行动。我们要树立“蓝色国土意识”，建立陆海统筹、和谐发展的现代海洋产业体系，要深析明辨，慎思笃行，认真审视和总结这一路走来的发展规律和启示，进而形成对自身、民族、国家、海洋及其发展的认同感、自豪感和责任感。这是《中国海洋经济》栏目设置、选题策划以及内容审编所遵循的根本原则和目标，也是其所秉承的“海纳百川、厚德载物”理念的体现。

我们将紧跟时代步伐，倾听大千声音，融汇方家名作，不懈追求国际性与区域性问题兼顾、宏观与微观视角集聚、理论与经验实证并行的方向，着力揭示中国海洋经济发展趋势和规律，阐述新产业、新技术、新模式和新业态。无论是作为专家学者和政策制定者的思想阵地，还是作为海洋经济学术前沿的展示平台，我们都希望《中国海洋经济》能让观点汇集、让知识传播、让思想升华。我们更希望《中国海洋经济》，能让对学术研究持有严谨敬重之意、对海洋事业葆有热爱关注之心、对国家发展怀有青云壮志之情的人，自信而又团结地共寻海洋经济健康发展之路，共建海洋生态文明，共绘“富饶海洋”“和谐海洋”“美丽海洋”的蔚为大观。

孙吉亭

寄语2021

未来从未如此未知，中国的发展机遇和挑战之大前所未有。

过去的一年，新冠肺炎疫情全球大暴发，世界产业链、供应链因各种因素的冲击而发生深刻调整，世界经济整体低迷。进入高质量发展阶段的中国，尽管受到不小的冲击与影响，却在显著制度优势的保障下，推动形成了以国内大循环为主体、国内国际双循环相互促进的新发展格局，交出了一份令世界瞩目的超预期经济答卷。海洋经济作为中国经济的重要组成部分，呈现总量收缩、结构优化的发展态势，以主要海洋产业实现全年增加值 29641 亿元、海洋生产总值全年 80010 亿元的优秀成绩，展现出强劲的韧性和活力。

征途漫漫，惟有奋斗。2021 年是中国“十四五”开局之年，也是中国共产党百年华诞。这一年，我们将开启全面建设社会主义现代化国家新征程，向第二个百年奋斗目标进军。站在“两个一百年”历史交汇点，谋划未来，勠力向前，适应新发展阶段、贯彻新发展理念、构建新发展格局，中国海洋经济有信心、有能力、有把握迈准迈稳关键第一步，在准确识变、科学应变、主动求变中谱写出新时代经略海洋的壮丽新篇章。

《中共中央关于制定国民经济和社会发展第十四个五年规划和二〇三五年远景目标的建议》提出“坚持陆海统筹，发展海洋经济，建设海洋强国”，为中国海洋经济指明了发展方向。要进一步统筹国内国际两个大局，畅通陆海连接，高质量发展海洋经济；要全面优化海洋产业结构，培育壮大海洋战略性新兴产业，鼓励发展海洋高端服务业，推动传统海洋产业转型升级，加快构建完善的现代海洋产业体系；要加大海洋科技攻关力度，重点在基础研究和核心技术领域攻坚，推进产学研用一体化，促进创新链和产业链深度连接融合；要加强海洋生态文明建设，充分发挥海洋在全球碳循环中的重要作用，讲好海洋与二氧化碳之间的故事，用好海草床、红树林、盐沼等各种蓝碳生态系统，为我国如期实现碳达峰、碳中和提供海洋方案、贡献海洋力量；要深度参与全球海洋治理，牢固树立海洋命运共同体理念，大力推动“一带一路”高质量发展海上合作实践，着力探索海洋领域国际合作新路径、新模式，力争早日把我国建设成为拥有强大综合实力的海洋强国。

大幕已经拉开，在这个灿烂夺目的海洋新时代，《中国海洋经济》期待着成为方家名作交流展示的优秀平台。

孙吉亭

2021 年 4 月

目　录
（第 11 辑）

海洋产业经济

海洋区域经济

海洋文化产业

书评

CONTENTS

(No.11)

Marine Industrial Economy

Marine Regional Economy

Marine Cultural Industry

Book Review

中国海洋经济工业化进程评价研究*

李 剑 栾朔琛 梁 泽 姜 宝**

摘 要 本文通过构建海洋经济工业化指标（OEIPI），从海洋经济工业化的五个方面进行量化分析；进而，运用聚类分析研究沿海各省海洋经济工业化进程的差异性。研究发现：天津市与上海市的海洋经济工业化进程起步较早，分别处于海洋经济工业化的中期阶段与后期阶段；除广西壮族自治区与海南省，中国沿海地区均进入海洋经济工业化初期阶段，但是进程相对缓慢；中国沿海地区海洋经济工业化发展特征与趋势具有空间异质性。最后，针对中国沿海各省海洋经济工业化发展实际与特征，提出有区域特色的海洋经济工业化发展建议。

关键词 海洋经济 工业化进程 评价指标体系 OEIPI 聚类分析

* 本文为山东省自然科学基金面上项目“我国港口一体化改革对港口生态文明建设的干预效应与驱动机制研究”（项目编号：ZR2020MG044）阶段性成果。

** 李剑（1979～），男，博士，中国海洋大学经济学院教授，中国海洋大学海洋发展研究院研究员，主要研究领域为国际贸易与物流。栾朔琛（1996～），女，中国海洋大学经济学院硕士研究生，主要研究领域为国际经济与贸易。梁泽（1993～），女，太原学院管理系辅导员，主要研究领域为区域经济与物流产业发展。姜宝（1976～），女，博士，中国海洋大学经济学院副教授，主要研究领域为国际贸易与物流。

一 引言

工业化作为衡量经济发展水平的重要标准之一①，其发达程度体现了一国的科技水平与经济实力，是实现国民经济可持续发展的重要驱动力。海洋经济是国民经济的重要组成部分②，2018 年党的十九大报告提出要“坚持陆海统筹，加快建设海洋强国”“促进海洋经济高质量发展”，将海洋经济作为中国未来经济发展的重要增长极③。因此为实现中国海洋经济的高质量发展，有必要对海洋工业化进行评估。海洋经济工业化是指海洋经济发展过程中由海洋第一产业向海洋第二、第三产业转变的过程，反映了中国海洋经济的发展历程以及海洋产业的总体发展水平，是海洋经济可持续发展的重要因素。首先，量化评估海洋经济工业化进程，促进海洋经济工业化与海洋日常管理的深度融合，有利于科学制定海洋经济与产业发展政策，实现海洋资源共享与海洋经济要素间的协同发展，提高海洋事业的现代化水平。其次，通过对海洋经济工业化进程的量化评估，可以辨析海洋经济工业化所处的演进阶段，揭示海洋经济工业化的发展规律与特征，探索海洋经济工业化的发展历程，对海洋产业结构的优化升级、海洋经济高质量发展具有重要的参考价值和现实意义。④

① 孙久文、丁鸿君：《我国工业化阶段测度的区域特征实证分析——基于江苏、河南和新疆的比较研究》，《南京社会科学》2011 年第 7 期。

② 章成、平瑛：《海洋产业结构优化与海洋经济增长研究》，《海洋开发与管理》2017 年第 3 期；Wenhan Ren，“Insights into Sustainable Development of China's Marine Economy from the Perspective of Biased Technological Progress，” *Polish Journal of Environmental Studies* 30（2021）：3213－3220。

③ 徐胜：《海洋强国建设的科技创新驱动效应研究》，《社会科学辑刊》2020 年第 2 期。

④ 高金龙、陈江龙、徐梦月、季菲菲：《基于灰色关联分析的江苏沿海产业发展研究》，《长江流域资源与环境》2012 年第 7 期。

二 文献综述

海洋经济高质量发展与海洋经济工业化进程密切相关，相关文献重点研究了海洋经济的可持续发展与海洋产业结构的调整。海洋经济的可持续发展可以为海洋经济工业化创造良好的发展环境，海洋产业结构是评估海洋经济工业化进程的基本标准。[①] 在海洋经济可持续发展方面，伍业锋从理论上分析了海洋经济的概念、特征以及发展路径，深入研究了现代海洋经济发展的外在约束和内在限制，指出海洋经济发展中必须遵守的基本路径，为中国海洋经济可持续发展提供了政策建议。[②] 殷克东和李兴东在此基础上构建了海洋经济区域竞争力测度指标体系，量化分析了中国沿海 11 个省市的海洋经济发展情况。[③] 殷克东和张雪娜利用熵值法、灰色关联分析法等方法建立了社会、资源、环境和生态四个方面的海洋可持续发展综合评价指标体系，对中国沿海地区海洋可持续发展水平进行动态测度评价。[④] Ren 和 Ji 基于中介效应和门槛效应的作用机制深入分析了环境规制、技术创新对中国海洋经济可持续发展的影响。[⑤] 覃雄合等以海洋经济的代谢循环能力作为研究切入点，构建了包含发展度、协调度、代谢循环度的海洋可持续发展量化模型，同时实

---

① 马仁锋、李加林、赵建吉、庄佩君：《中国海洋产业的结构与布局研究展望》，《地理研究》2013 年第 5 期。

② 伍业锋：《海洋经济：概念、特征及发展路径》，《产经评论》2010 年第 3 期。

③ 殷克东、李兴东：《我国沿海 11 省市海洋经济综合实力的测评》，《统计与决策》2011 年第 3 期。

④ 殷克东、张雪娜：《中国海洋可持续发展水平的动态测度》，《统计与决策》2011 年第 13 期。

⑤ Wenhan Ren，Jianyue Ji，"How Do Environmental Regulation and Technological Innovation Affect the Sustainable Development of Marine Economy：New Evidence from China's Coastal Provinces and Cities，" *Marine Policy* 128 (2021)：104468.

证分析了海洋经济可持续发展的动态演变。[①] 孙才志等从海洋经济脆弱性的角度对环渤海地区 17 个沿海城市进行测算，为海洋经济脆弱性的研究提供了新的分析框架以促进海洋经济的可持续发展。[②] 除此之外，海洋经济的效率分析也成为衡量海洋经济可持续发展的因素之一，海洋经济效率的提升可以有效实现海洋经济的可持续发展。赵昕等基于 NSBM-Malmquist 模型科学评估了海洋的绿色经济效率，同时运用空间计量分布图等方法分析了海洋绿色经济效率的时空演变趋势。[③] 朱静敏和盖美利用超效率 SBM-Global 模型和 Malmquist 生产率指数模型分阶段研究了沿海 11 个省市 2004～2015 年的海洋经济效率。[④] 海洋经济的可持续发展是推进海洋经济工业化进程的基础，对海洋经济发展的量化分析科学反映了海洋经济的发展情况，有利于提高海洋经济工业化水平。

在海洋产业结构优化分析方面，Putten 等认为海洋产业结构的优化升级有效促进了海洋经济的发展。[⑤] Nazir 等认为海洋产业结构的优化升级是实现海洋经济发展的重要驱动力，进而推动国家的经济发展。[⑥] 国内学者关于海洋产业的研究成果比较丰富，从理论和实证两方面论证了海洋产业结构的优化升级对于海洋经济发展的重

① 覃雄合、孙才志、王泽宇：《代谢循环视角下的环渤海地区海洋经济可持续发展测度》，《资源科学》2014 年第 12 期。

② 孙才志、覃雄合、李博、王泽宇：《基于 WSBM 模型的环渤海地区海洋经济脆弱性研究》，《地理科学》2016 年第 5 期。

③ 赵昕、赵锐、陈镐：《基于 NSBM-Malmquist 模型的中国海洋绿色经济效率时空格局演变分析》，《海洋环境科学》2018 年第 2 期。

④ 朱静敏、盖美：《中国沿海地区海洋经济效率时空演化特征——基于三阶段超效率 SBM-Global 和三阶段 Malmquist 的分析》，《地域研究与开发》2019 年第 1 期。

⑤ I. van Putten，C. Cvitanovic，E. Fulton，"A Changing Marine Sector in Australian Coastal Communities：An Analysis of Inter and Intra Sectoral Industry Connections and Employment，" *Ocean & Coastal Management* 131（2016）：1－12.

⑥ K. Nazir，M. Yongtong，K. Hussain，M. Kalhoro，S. Kartika，M. Mohsin，"A Study on the Assessment of Fisheries Resources in Pakistan and Its Potential to Support Marine Economy，" *Indian Journal of Geo-Marine Sciences* 45（2016）：1181－1187.

要性。杜军和鄢波采用“三轴图”分析法揭示了海洋产业结构的演化规律，研究认为，海洋产业结构升级对海洋经济增长具有显著的影响。[①] 纪建悦等采用中介效应及门限回归模型实证分析了海洋科教、风险投资以及海洋产业结构升级三者之间的关系，研究表明，海洋结构的优化升级是实现海洋经济高质量发展的重要因素，为建设海洋强国，应重视海洋产业结构的优化与升级。[②] 然而，海洋经济工业化具有综合性、多样性、整体性等特点，海洋产业的优化分析不能充分体现海洋经济工业化的整体水平。量化分析海洋经济工业化水平，辨析海洋经济工业化所处的演进阶段，对于海洋经济的发展具有重要的理论价值与现实意义。以海洋经济工业化的量化测度作为切入点，为研究海洋经济可持续发展以及海洋产业结构优化升级提供了新思路，同时对揭示海洋经济工业化的发展规律、探索海洋经济工业化的发展历程有重要的实践意义。

目前对于工业化水平的界定没有统一的标准，国外学者从工业结构、产业结构、就业结构、人均收入、城市化率等方面对工业化进程进行测度，包括霍夫曼比例、科迪指标、配第－克拉克定理以及钱纳里的一般标准工业化模型。[③] 国内学者在此基础上提出更为综合的评价方法。韩兆洲从第一与第二产业劳动生产率、增加值和劳动力变化三方面对工业化进程进行判断。[④] 陈元江在描述工业化进程时选取的指标为第一和第二产业产值比、人均国内生产总值、城市化率、第一和第二产业就业比。[⑤] 陈佳贵等提出的综合测评法

① 杜军、鄢波：《基于“三轴图”分析法的我国海洋产业结构演进及优化分析》，《生态经济》2014 年第 1 期。

② 纪建悦、郭慧文、林姿辰：《海洋科教、风险投资与海洋产业结构升级》，《科研管理》2020 年第 3 期。

③ 贾百俊、刘科伟、王旭红、李建伟：《工业化进程量化划分标准与方法》，《西北大学学报》（哲学社会科学版）2011 年第 5 期。

④ 韩兆洲：《工业化进程统计测度及实证分析》，《统计研究》2002 年第 10 期。

⑤ 陈元江：《工业化进程统计测度与质量分析指标体系研究》，《武汉大学学报》（哲学社会科学版）2005 年第 6 期。

则综合考虑了经济发展水平、产业结构、工业结构、就业结构和空间结构五方面因素，采用层次分析法求得综合评价值，从而判断中国各地区所处的工业化阶段。[①] 孙久文和丁鸿君选取江苏、河南和新疆作为考察对象，从人均 GDP、基于 GDP 的产业结构、基于劳动力的产业结构、制造业增加值占总增加值的比重和产业偏离度五个方面综合比较和判断了三省区的工业化发展阶段，从而对中国东中西部地区的工业化发展提出建议。[②] 陈衍泰等以经济学理论为基础，构建了“发展阶段—工业竞争力—工业化效益—国际化程度—可持续发展制度”的测度模型，同时运用 DEA、层次分析等方法对共建“一带一路”国家的工业化水平进行测度。[③]

工业化进程的量化分析有利于揭示中国工业化的发展规律，从而更好地实现经济的可持续发展。海洋经济作为国民经济的重要组成部分，其工业化水平在一定程度上也反映了海洋经济的可持续性。在参考工业化测度指标的基础上，从海洋经济水平、产业结构、工业结构、就业结构和空间结构五个角度出发，综合评价中国海洋经济的工业化进程，有利于揭示海洋经济工业化进程的发展规律，推动中国海洋产业结构优化升级。本文的边际贡献如下：第一，本文通过构建海洋经济工业化指标，从量化分析的角度界定了海洋经济工业化在不同阶段的标志值，综合分析了中国海洋经济工业化的发展情况；第二，本文基于海洋经济工业化综合评价体系，对 2006 ~ 2016 年中国沿海地区的海洋经济工业化水平进行测度，衡量了各地区海洋经济工业化的发展特征和发展趋势；第三，本文使用聚类分析方法进一步分析了各地区在海洋经济水平、海洋产业结构、海洋工业结构、海洋就业结构和海洋空间结构五方面的协同性

① 陈佳贵、黄群慧、钟宏武：《中国地区工业化进程的综合评价和特征分析》，《经济研究》2006 年第 6 期。

② 孙久文、丁鸿君：《我国工业化阶段测度的区域特征实证分析——基于江苏、河南和新疆的比较研究》，《南京社会科学》2011 年第 7 期。

③ 陈衍泰、吴哲、范彦成、金陈飞：《新兴经济体国家工业化水平测度的实证分析》，《科研管理》2017 年第 3 期。

和差异性，针对海洋经济工业化发展过程中的空间异质性提出了合理的建议，以实现区域间海洋经济工业化的协调发展，推动海洋经济的高质量发展。

三　海洋经济工业化综合评价

（一）海洋经济工业化评价体系

衡量一个国家或地区的工业化水平有多种理论和指标。例如，在使用人均 GDP 水平测度工业化水平时，学者们大多采用钱纳里的一般标准工业化模型。[①] 陈佳贵等人根据经典工业化理论，选取经济发展水平、产业结构、工业结构、空间结构和就业结构五个基本指标并给定了相应的标志值，运用层次分析法计算各指标权重，得出工业化进程的综合评价值，对各地区进行测评。[②] 而重庆市经济发展战略及规划研究课题组先分别测评了人均收入、增加值、劳动力、城市化水平和劳动生产率工业化进程，再根据权重计算综合评价值，并根据给定的标准判断工业化所处阶段。[③]

本文参照钱纳里等、陈佳贵等以及重庆市经济发展战略及规划研究课题组的相关研究，从海洋经济水平、产业结构、工业结构、空间结构和就业结构五个方面量化分析海洋经济的工业化水平，对海洋经济工业化进程的不同阶段进行了界定（见表 1）。在海洋经济水平方面，本文选取了人均海洋 GDP，即海洋及相关产业总产值与涉海就业人数的比值，并参考钱纳里等的方法确定海洋经济水平在不同阶段的标志值。海洋产业结构参照重庆市经济发展战略及规划

① H. 钱纳里、S. 鲁宾逊、M. 赛尔奎因：《工业化和经济增长的比较研究》，吴奇、王松宝等译，上海人民出版社，1989，第 73 页。

② 陈佳贵、黄群慧、钟宏武：《中国地区工业化进程的综合评价和特征分析》，《经济研究》2006 年第 6 期。

③ 重庆市经济发展战略及规划研究课题组：《当前重庆工业化所处的阶段和进程》，《重庆经济》2004 年第 11 期。

研究课题组的划分方法，采用海洋第二产业增加值与第一产业增加值的比值表示。海洋工业结构与海洋空间结构参考陈佳贵等的划分方法，海洋就业结构参考重庆市经济发展战略及规划研究课题组的方法。在海洋工业结构方面，本文采用的指标为海洋第二产业增加值占海洋生产总值的比重；在海洋空间结构方面，本文选取沿海城市人口城市化率为基本指标，城市化率越高，人口密集程度越高，表明工业化程度越高；在海洋就业结构方面，本文采用第二产业就业人数与第一产业就业人数的比值，比值越大说明海洋就业结构越完善。

表 1　海洋经济工业化不同阶段的标志值

基本指标	前工业化阶段	工业化初期	工业化中期	工业化后期	后工业化阶段
海洋经济水平	[280，560)	[560，1120)	[1120，2100)	[2100，3360)	≥3360
海洋产业结构	<1	[1，2)	[2，5)	[5，8)	≥8
海洋工业结构	<20%	[20%，40%)	[40%，50%)	[50%，60%)	≥60%
海洋空间结构	<30%	[30%，50%)	[50%，60%)	[60%，75%)	≥75%
海洋就业结构	[0.2，0.3)	[0.3，0.5)	[0.5，0.8)	[0.8，1.5)	≥1.5

注：表示海洋经济水平的指标人均海洋 GDP 为海洋及相关产业总产值与涉海就业人数的比值，换算因子根据 1980 年的美国 GDP 缩减指数和实际 GDP 计算得出，相关数据来自美国经济分析局（BEA）。

（二）海洋经济工业化综合评价值

为了保证海洋经济工业化量化分析的综合性与真实性，有必要结合海洋经济水平、海洋产业结构、海洋工业结构、海洋空间结构以及海洋就业结构五个方面，计算综合评价值，综合评价海洋经济工业化的水平和进程。在计算海洋经济工业化综合评价值时，应先对指标进行标准化处理，在保证指标选取量纲、变化趋势一致的前提下，画出相应的蛛网图，蛛网图对应的面积即各地区海洋经济工业化的综合评价值。

在数据标准化方面，由于衡量海洋经济工业化的五项指标同时包括绝对量指标、相对量指标，正向指标、逆向指标，因此，有必要在综合评价时对数据进行标准化处理，消除变量间的量纲关系，使指标之间具有可比性。本文使用离差标准化方法对原始数据进行线性变换，具体公式如下：

$$X_{ij} = \frac{x_{ij} - x_{j\min}}{x_{j\max} - x_{j\min}} \quad (1)$$

其中，x_{ij}为第 i 个地区第 j 项指标未进行标准化的数据，标准化后的数据X_{ij}的取值范围为［0，1］。另外，在对工业化各阶段值进行标准化时，由于后工业化阶段各项指标的最大值无法界定，因此本文的研究重点为海洋经济前工业化阶段以及海洋经济工业化实现阶段，$x_{j\max}$即为工业化后期和后工业化阶段的临界值，$x_{j\min}$则取前工业化阶段各项指标的最小值，除海洋经济水平和海洋就业结构外，其他几项指标的最小值均为0。

在计算海洋经济工业化综合评价值方面，对数据进行标准化处理后，需要画出蛛网图并计算蛛网图对应的面积以表示海洋经济工业化的综合评价值，海洋经济工业化综合评价值的公式如下：

$$\text{OEIPI} = \sum_{i=1}^{n} \frac{\sin\theta}{2} E_i E_j \quad (2)$$

OEIPI（Ocean Economy Industrialization Process Index）即海洋经济工业化指标，用以定量评价中国各地区海洋经济工业化水平以及所处的工业化阶段。其中，$i=1$，2，…，n（$n=5$）为指标项数，E_i为第 i 项指标标准化后的统计数据，E_j为第 j 项指标标准化后的统计数据，θ 表示 i 和 j 之间的夹角。当 $i=1$，2，3，4 时，$j=i+1$；当 $i=5$ 时，$j=1$。OEIPI 值的取值范围为［0，+∞），OEIPI 值越大，则该地区海洋经济工业化水平越高；反之，OEIPI 值越接近 0，表示海洋经济工业化水平越低。

本文从海洋经济水平、海洋产业结构、海洋工业结构、海洋空间结构以及海洋就业结构五个角度对海洋经济的工业化水平进行量化分析，选取了以上五项指标，对数据进行无量纲处理，同时构建了 OEIPI，以综合分析海洋经济工业化的实际水平。研究路径如下：

首先，根据海洋经济工业化评价体系，本文收集了相关数据，即11个沿海地区2006～2016年的数据，海洋经济水平、海洋产业结构、海洋工业结构以及海洋就业结构的数据均来源于《中国海洋统计年鉴》，海洋空间结构的数据来自《中国城市统计年鉴》；其次，OEIPI要求对数据进行无量纲标准化处理，本文利用离差标准化公式进行数据处理，并画出对应的蛛网图；最后，使用OEIPI公式求得海洋经济工业化每个阶段的综合评价值以及各地区历年海洋经济工业化综合评价值。

四　海洋经济工业化综合评价结果

（一）海洋经济工业化阶段性分析

本文首先对海洋经济水平、海洋产业结构、海洋工业结构、海洋空间结构以及海洋就业结构的数值进行标准化处理（见表2），进一步画出对应的蛛网图（见图1），最后通过OEIPI计算公式得出海洋经济工业化各阶段的综合评价值（见表3）。由于海洋经济的后工业化阶段没有明确的范围，本文仅显示海洋经济前工业化阶段以及海洋经济工业化实现阶段的评估结果。经计算，海洋经济工业化阶段的分界值分别为0.11、0.43、1.04以及2.38。当海洋经济工业化综合评价值小于0.11时，该地区处于海洋经济的前工业化阶段；当综合评价值为0.11～0.43时，该地区处于海洋经济的工业化初期；当综合评价值为0.43～1.04时，该地区处于海洋经济的工业化中期；只有当综合评价值大于1.04时，该地区的海洋经济才可以进入工业化后期。

表2　海洋经济工业化阶段标准化后的标志值

基本指标	前工业化阶段	工业化初期	工业化中期	工业化后期
海洋经济水平	<0.09	0.09～0.27	0.27～0.59	0.59～1.00
海洋产业结构	<0.125	0.125～0.25	0.25～0.625	0.625～1.00

续表

基本指标	前工业化阶段	工业化初期	工业化中期	工业化后期
海洋工业结构	<0.33	0.33 ~ 0.67	0.67 ~ 0.83	0.83 ~ 1.00
海洋空间结构	<0.40	0.40 ~ 0.67	0.67 ~ 0.80	0.80 ~ 1.00
海洋就业结构	<0.08	0.08 ~ 0.23	0.23 ~ 0.46	0.46 ~ 1.00

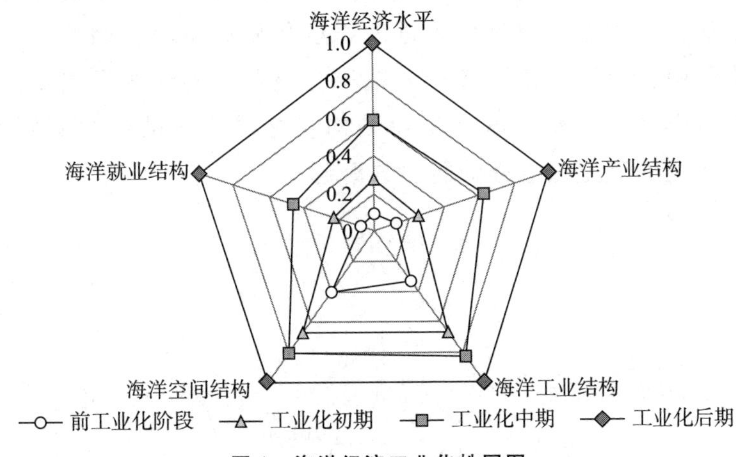

图 1　海洋经济工业化蛛网图

表 3　海洋经济工业化分阶段综合评价值

基本指标	前工业化阶段	工业化初期	工业化中期	工业化后期
海洋经济工业化综合评价值	<0.11	0.11 ~ 0.43	0.43 ~ 1.04	1.04 ~ 2.38

（二）海洋经济工业化空间异质性分析

本文对 2006 ~ 2016 年全国 11 个沿海地区的海洋经济工业化进程进行评估，对各地区的数据进行无量纲处理后，根据公式计算蛛网图的面积以衡量海洋经济工业化的综合水平。如图 2 所示，以 2016 年全国海洋经济工业化为例，海洋经济水平、海洋产业结构、海洋工业结构、海洋空间结构和海洋就业结构的数值分别为 0.52、0.01、0.42、0.41 和 0.07。由图 2 可以看出，在 2016 年全国的海洋经济各项指标中，海洋产业结构和海洋就业结构仍处于前工业化阶段，海洋工业结构和海洋空间处于工业化初期阶段，海洋经济水平处于工业化中期阶段，其中海洋经济水平的工业化程度最为明显。就全国而言，海洋经济工业化水平发展不平衡，尤其是海洋产业结构和海洋就业结构，其发达程度远低于海洋经济工业化的平均水平。除此之外，海洋产业结构、海洋工业结构、海洋空间结构工业化发达程度相近，但是均未进入工业化后期阶段。因此，在未来发展进程中，应将优化海洋产业结构与就业结构作为发展重点，同时推进海洋经济水平、海洋工业结构、海洋空间结构的协同发展，实现海洋经济工业化进程的阶段式跨越。

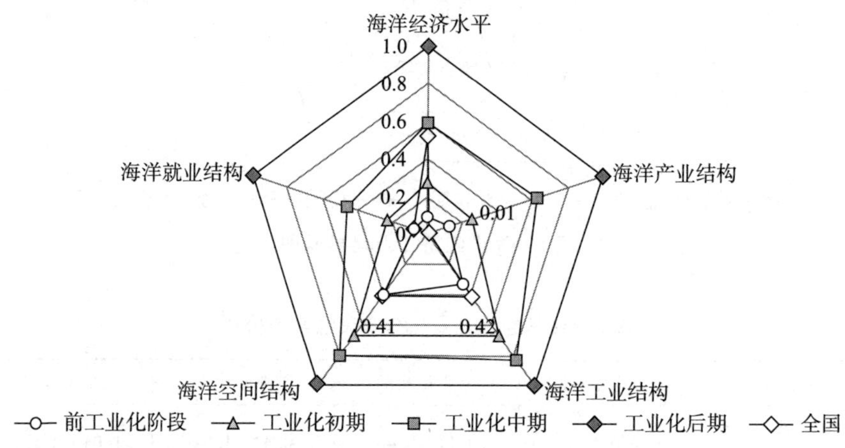

图 2　2016 年全国海洋经济工业化蛛网图

基于沿海地区海洋经济工业化的蛛网图，本文收集了全国 11 个沿海地区 2006～2016 年的数据，同时利用离差标准化方法对数据进行了标准化处理，在公式（2）的基础上计算了各地区 2006～2016 年海洋经济工业化的综合评价值，具体如表 4 所示，其中，“一”表示海洋经济前工业化阶段，“二”表示海洋经济工业化初期阶段，“三”表示海洋经济工业化中期阶段，“四”表示海洋经济工业化后期阶段。

表 4　2006～2016 年各地区海洋经济工业化综合评价值

地区	2006 年	2007 年	2008 年	2009 年	2010 年	2011 年	2012 年	2013 年	2014 年	2015 年	2016 年
全国	0.05 一	0.06 一	0.08 一	0.08 一	0.10 一	0.11 二	0.11 二	0.12 二	0.12 二	0.12 二	0.12 二
天津	0.69 三	0.66 三	0.49 三	0.74 三	0.96 三	1.07 四	1.10 四	1.21 四	0.98 三	0.86 三	0.61 三
河北	0.05 一	0.07 一	0.13 二	0.08 一	0.09 一	0.10 一	0.11 二	0.11 二	0.12 二	0.12 二	0.09 一
辽宁	0.16 二	0.16 二	0.11 二	0.13 二	0.14 二	0.15 二	0.14 二	0.13 二	0.13 二	0.12 二	0.12 二
上海	1.26 四	1.26 四	0.97 三	1.13 四	1.60 四	1.64 四	1.42 四	1.48 四	1.47 四	1.46 四	1.52 四
江苏	0.10 一	0.13 二	0.14 二	0.18 二	0.24 二	0.27 二	0.27 二	0.27 二	0.30 二	0.31 二	0.33 二
浙江	0.12 二	0.13 二	0.13 二	0.17 二	0.21 二	0.23 二	0.24 二	0.24 二	0.22 二	0.22 二	0.23 二
福建	0.06 一	0.07 一	0.10 一	0.11 二	0.13 二	0.14 二	0.13 二	0.14 二	0.14 二	0.15 二	0.15 二
山东	0.07 一	0.08 一	0.14 二	0.09 一	0.11 二	0.12 二	0.13 二	0.13 二	0.13 二	0.15 二	0.16 二
广东	0.13 二	0.13 二	0.18 二	0.18 二	0.22 二	0.22 二	0.25 二	0.25 二	0.24 二	0.23 二	0.22 二
广西	0.00 一	0.01 一	0.02 一	0.02 一	0.02 一	0.03 一	0.03 一	0.04 一	0.04 一	0.04 一	0.04 一
海南	0.02 一	0.01 一	0.02 一	0.01 一	0.00 一	0.00 一	0.00 一	0.00 一	0.00 一	0.00 一	0.00 一

为了直观地分析中国沿海地区海洋经济的发展历程，本文使用折线图进一步分析海洋经济工业化的发展特征与发展趋势（见图 3），研究各地区 2006～2016 年海洋经济工业化进程的变化特征。图 3 的三条直线（虚线）为各工业化阶段的临界值并且将纵轴分为四个部分，0～0.11 表示处于前工业化阶段，0.11～0.43 表示处于工业化前期，0.43～1.04 表示处于工业化中期，大于 1.04 则处于工业化后期，各折线与直线（虚线）的交点表示存在阶段式跨越。本

文通过区域间比较与时间趋势分析得出如下结论。

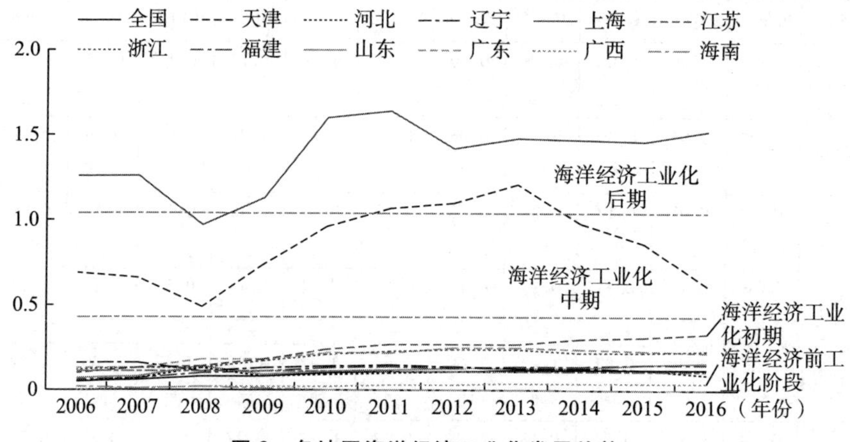

图 3　各地区海洋经济工业化发展趋势

第一，中国海洋经济工业化阶段的地域分布较不平衡。从总体上看，2006～2010 年中国未进入海洋经济工业化阶段，2011～2016 年中国处于海洋经济工业化初期阶段，海洋经济工业化的发展速度相对缓慢。除天津市与上海市，多数沿海地区均处于海洋经济发展的起步阶段，即工业化发展的初期阶段，个别地区仍处于海洋经济前工业化阶段。上海市已经进入海洋经济工业化发展的后期阶段。天津市的海洋经济发展也较为迅速，其海洋经济在 2011 年进入工业化后期阶段，但是 2014～2016 年该市的海洋经济跌至工业化中期阶段。广西壮族自治区和海南省的海洋经济工业化起步较晚，一直处于海洋经济的前工业化阶段。河北省、江苏省、福建省以及山东省海洋经济均实现了由前工业化阶段向工业化初期阶段的跨越，然而在 2016 年河北省的海洋经济再次处于前工业化阶段，未来存在“去工业化”的风险。除此之外，辽宁省、浙江省以及广东省的海洋经济工业化发展比较稳定，2006～2016 年一直处于海洋经济工业化发展的初期阶段。

第二，中国海洋经济工业化的发展趋势具有空间异质性。首先，全国的海洋经济工业化发展趋于稳定，2011 年进入海洋经济工业化发展的初期阶段。广西壮族自治区与海南省的海洋经济工业化水平整体波动较小，经济实力不足以支撑海洋经济工业化的发展，与已经实现工业化的省份之间仍存在很大的差距。其次，江苏省、浙江省、福建省以及广东省的海洋经济工业化发展趋势具有明显的线性增长特征，尤其是江苏省和福建省，其海洋经济工业化水平实现了阶段性跨越。再次，其他沿海地区的海洋经济工业化进程呈现非线性变化特点，即U形、倒U形以及倒N形的发展趋势。辽宁省海洋经济工业化的变化趋势呈现U形特征，其海洋经济工业化水平先下降再上升，时间拐点为2008年。河北省和山东省的海洋经济工业化的发展趋势呈倒U形特征，海洋经济工业化水平一共经历了上升和衰退两个阶段。河北省与山东省的海洋经济工业化水平在2008年达到峰值，在2009年下降后一直处于海洋经济工业化进程的恢复期。U形和倒U形特征充分说明了海洋经济工业化发展的不稳定性，海洋政策、经济环境的变化是海洋经济工业化发展具有波动性的主要原因。虽然这些地区的海洋经济在工业化进程中容易受到外部环境的干扰，但是其具有较大的进步空间与发展动力，从长期看这些地区的海洋经济工业化进程均呈上升趋势。然而，天津市的海洋经济工业化发展趋势与上述沿海地区存在明显的差别。2006~2016年，天津市的海洋经济工业化水平经历了先下降后上升再下降的发展过程，即倒N形特征。2006~2008年，天津市的海洋经济工业化水平持续下降，2009年开始上升并在2013年达到峰值，即处于海洋经济工业化的后期。但是这种阶段性跨越的持续时间较短，2013年之后一直处于海洋经济工业化的中期阶段。天津市海洋经济工业化的发展与上海市海洋经济初期的工业化发展进程类似。上海市在2012年之前同样经历了倒N形的海洋经济工业化发展过程，其工业化进程在2008年由后期阶段跌至中期阶段；2009年进入海洋经济发展的后期阶段之后，工业化水平经历了先上升再下降的过程，2012年之后趋于稳定。

中国海洋经济已经进入了工业化实现阶段，但是起步较晚，工业化发展尚未成熟且存在区域差异性。因此为了推动全国各沿海地区海洋经济的工业化进程，首先，应学习海洋经济发达地区的管理经验与发展政策，结合各地区的实际情况，走有特色的海洋经济工业化道路；其次，考虑到海洋经济工业化概念的综合性，应从海洋经济工业化的五个维度出发，具体分析各地区海洋经济水平、海洋产业结构、海洋工业结构、海洋空间结构以及海洋就业结构，有针对性地提出区域性海洋经济发展建议。

五 海洋经济工业化聚类分析

海洋经济工业化的空间异质性分析整体把握了各地区海洋经济工业化的发展趋势，海洋经济工业化的聚类分析在充分考虑不同指标区域差异性的基础上，为各地区海洋经济工业化的良性发展提供有地域特色的建议。海洋经济工业化的聚类评价指标包括海洋经济水平（Ⅰ）、海洋产业结构（Ⅱ）、海洋工业结构（Ⅲ）、海洋空间结构（Ⅳ）和海洋就业结构（Ⅴ）。本文使用 K 均值聚类算法将海洋经济工业化的五项指标分为先进型（A 类）、中等型（B 类）以及落后型（C 类）。由于沿海各地区的海洋经济工业化进程存在节点异质性，所以本文以 2008 年和 2016 年为基准进行聚类分析，具体结果如表 5 所示。

表 5 2008 年和 2016 年各地区海洋经济工业化聚类分析结果

指标	类别	2008 年	2016 年
Ⅰ	A	上海	上海、江苏
	B	全国、天津、河北、江苏、山东	全国、天津、河北、浙江、福建、山东、广东
	C	辽宁、浙江、福建、广东、广西、海南	辽宁、广西、海南
Ⅱ	A	上海	上海
	B	天津	天津
	C	全国、河北、辽宁、江苏、浙江、福建、山东、广东、广西、海南	全国、河北、辽宁、江苏、浙江、福建、山东、广东、广西、海南

续表

指标	类别	2008 年	2016 年
Ⅲ	A	天津	天津、江苏、山东
	B	全国、河北、辽宁、上海、江苏、浙江、福建、山东、广东、广西	全国、河北、辽宁、上海、浙江、福建、广东、广西
	C	海南	海南
Ⅳ	A	福建、山东、广东	天津、上海
	B	全国、天津、河北、辽宁、上海、江苏、浙江、海南	辽宁、江苏、浙江、福建、广东
	C	广西	全国、河北、山东、广西、海南
Ⅴ	A	上海	上海
	B	天津、浙江	天津、浙江
	C	全国、河北、辽宁、福建、山东、广东、广西、海南	全国、河北、辽宁、福建、山东、广东、广西、海南

在海洋经济水平方面，全国的海洋经济发展水平属于海洋经济发展中等型。上海市一直处于海洋经济先进型，江苏省成功实现了由海洋经济中等型向海洋经济先进型的转变。天津市、河北省与山东省的海洋经济发展均为中等水平。而辽宁省、广西壮族自治区与海南省的海洋经济发展水平相对落后，一直属于海洋经济发展的落后型。浙江省与福建省也存在海洋经济发展滞后的问题，但是在 2016 年实现了海洋经济的阶段性跨越，成功升至海洋经济发展中等型。

在海洋产业结构方面，上海市的海洋产业结构一直处于较高水平，天津市属于海洋产业结构中等型，其他沿海地区存在海洋产业结构不平衡等问题，均属于海洋产业结构落后型。

在海洋工业结构方面，天津市的海洋工业结构较为合理，属于海洋工业结构先进型；而海南省的海洋工业结构相对落后，仍有很大的提升空间。江苏省和山东省是海洋工业结构成功转型的典范，二者在 2008 年都属于海洋工业结构中等型，而 2016 年成功转型为海洋工业结构先进型。除此之外，其他地区均处于海洋工业结构的中等水平。

在海洋空间结构方面，该指标存在明显的时间异质性。在 2008 年，福建省、山东省以及广东省属于海洋空间结构先进型，广西壮族自治区属于海洋空间结构落后型，其他地区均处于海洋空间结构的中等水平。但是在 2016 年，只有辽宁省、江苏省、浙江省以及广西壮族自治区的海洋空间结构类型保持不变，天津市和上海市升至海洋空间结构先进型，而福建省、山东省、广东省以及海南省出现了阶段性下滑。福建省和广东省降为海洋空间结构中等型，山东省的海洋空间结构波动程度最大，其海洋空间结构由先进型直接降为落后型。海南省的海洋空间结构同样降为落后型。

在海洋就业结构方面，上海市海洋经济工业化起步早、工业化水平较高，海洋就业结构为先进型，天津市与浙江省海洋就业结构不平衡的问题没有得到充分解决，一直属于海洋就业结构中等型，除此之外，其他沿海地区均属于海洋就业结构落后型。

海洋经济工业化的聚类分析可以有效识别区域海洋工业化各指标的差异。本文通过聚类分析得出以下结论。第一，截至 2016 年，各地区的海洋工业结构优化程度较高，除海南省外，其他地区均属于海洋工业结构中等型与先进型。然而，海洋产业结构和海洋就业结构发展进程相对缓慢，大部分沿海地区仍处于海洋产业结构和就业结构的落后阶段，只有少数经济发达地区实现了海洋产业与就业结构的优化。海洋经济水平的提升空间最大，而海洋空间结构的时间差异性最明显。第二，上海市的海洋经济工业化各方面已经实现了协调发展，除海洋工业结构之外，其他指标均属于先进型。第三，天津市海洋工业结构与空间结构的优化升级是推动该市海洋经济工业化进程的重要因素。第四，山东省与河北省由于相近的地理位置与相似的经济发达程度，海洋经济工业化均呈倒 U 形的变化趋势，海洋空间结构的优化升级是影响海洋经济工业化进程的主要因素。第五，辽宁省的海洋经济发展水平严重制约了该地区的海洋经济工业化进程。第六，广西壮族自治区与海南省的海洋经济工业化各指标的发展进程远远落后于其他沿海地区。

因此，为了提高中国海洋经济工业化水平，在保证海洋经济工业化各指标协同发展的基础上，本文提出了具有区域特色的发展建议：第一，重点优化中国各沿海地区海洋经济的产业结构与就业结构，推动各沿海地区海洋产业结构与就业结构由落后型向先进型转变；第二，上海市应该继续发挥海洋经济工业化各方面的协调作用，同时加快海洋工业结构的发展进程；第三，天津市应进一步优化海洋工业结构与空间结构，凸显经济实力与地域优势，同时借助海洋空间规划与政策扶持，实现海洋经济工业化各方面的协同发展，走有地域特色的海洋经济工业化道路；第四，山东省和河北省的未来海洋经济工业化发展应以海洋空间结构优化为重点；第五，辽宁省应推动海洋经济的进一步发展，努力实现向海洋经济中等型与海洋经济先进型迈进；第六，广西壮族自治区与海南省在充分利用海洋资源优势的基础上，着力推进海洋经济工业化各方面的协同发展，利用丰富的海洋资源，借助海洋管理与开发政策，真正进入海洋经济工业化的实现阶段。海洋经济水平、海洋产业结构、海洋工业结构、海洋空间结构以及海洋就业结构五方面相互促进、相互协调，共同推动着海洋经济的工业化进程。与此同时，海洋经济工业化类型的多样化同样要求各地区推行切实可行的海洋经济发展政策，在海洋经济工业化各指标共同发展的基础上，实施具有区域特色的海洋经济工业化模式。

六　结语

本文通过构建海洋经济工业化指标，量化分析了 2006 ~ 2016 年中国 11 个沿海地区海洋经济的工业化进程及其发展趋势，同时应用聚类分析法研究了各地区海洋经济工业化各指标的相似性与差异性，针对区域特色提出海洋经济发展的个性化建议。根据分析结果，除上海市和天津市之外，多数沿海地区处于海洋经济工业化初期阶段，广西壮族自治区和海南省未进入海洋经济工业化阶段。首先，上海市和天津市的工业化进程起步较早，上海市在 2009 年之后一直处于海洋经济工业化的后期阶段，天津市的海洋经济工业化进程在中期与后期阶段波动；其次，中国海洋经济工业化水平总体呈上升趋势，但是工业化进程的发展特征具有空间异质性，即稳中求进型、线性上升型与曲折前进型；最后，为了实现海洋经济高质量发展，本文在综合考虑海洋经济水平、海洋产业结构、海洋工业结构、海洋空间结构以及海洋就业结构的基础上，结合中国海洋经济工业化水平的区域多样性与节点异质性，实施有区域特色的海洋经济工业化政策，推动海洋经济工业化进程，真正实现海洋经济的可持续发展。

Research on Industrialization Process Evaluation of Marine Economy in China

Li Jian[1,2], *Luan Shuochen*[1], *Liang Ze*[3], *Jiang Bao*[1]

(1. *School of Economics, Ocean University of China, Qingdao, Shandong, 266100, P. R. China;* 2. *Marine Development Studies Institute, Ocean University of China, Qingdao, Shandong, 266100, P. R. China;* 3. *Department of Management, Taiyuan University, Taiyuan, Shanxi, 030032, P. R. China*)

Abstract: This analysis constructs the Ocean Economic Industrialization Index and quantitatively analyzes the process of Chinese marine economic industrialization from five aspects. Furthermore, this analysis uses cluster method to study the regional differences in various indicators of marine economic industrialization. Conclusions are as follows: The industrialization process of marine economy in Tianjin and Shanghai started early, which has been in the middle and late stages of marine economic industrialization; In addition to Guangxi and Hainan, most in Chinese coastal areas have entered the initial stage of marine economy industrialization, but the industrialized progress was relatively slow; The development characteristics and trend of marine economic industrialization in Chinese coastal areas have spatial heterogeneity. Finally, according to the actual industrialized development of ocean economy in Chinese coastal regions, this analysis put forward related suggestions with distinctive regional features.

Keywords: Marine Economy; Industrialization Process; Evaluation Index System; OEIPI; The Cluster Analysis

（责任编辑：孙吉亭）

海参产业绿色发展对策研究*

赵 斌 李成林 周红学 刘心田**

摘 要 本文基于新冠肺炎疫情给水产行业带来的冲击和影响，以产业绿色发展视角回顾了国内海参产业发展历程、产业格局的形成和主要生产模式及其分布，分析了疫情中海参产业在生产、销售、流通、贸易等方面受到的冲击。当前海参产业主要面临的制约因素为异常气候和极端天气、养殖环境变化加剧、良种覆盖率低、技术模式发展滞后、安全用药存在隐患等。在疫情防控常态化时期，海参产业将迎来发展机遇，应强化绿色发展政策引领，做好常态化防范，持续加大对种业的支撑，研发绿色养殖模式，建立病害防控体系，加强功能产品开发，促进大健康产业发展，挖掘产业文化内涵。

* 本文为山东省现代农业产业技术体系刺参产业创新团队建设项目（项目编号：SDAIT－22）、山东省泰山产业领军人才工程（项目编号：LJNY201613）阶段性成果。

** 赵斌（1980～），男，山东省海洋科学研究院副研究员，主要研究领域为水产增养殖、遗传育种。李成林（1964～），男，山东省海洋科学研究院种质资源研究中心主任、研究员，山东省泰山产业领军人才、山东省农业农村专家顾问团专家，主要研究领域为水产增养殖、生境修复、遗传育种。周红学（1979～），男，山东省农业农村厅渔业与渔政管理处四级调研员，主要研究领域为渔业管理。刘心田（1975～），男，威海市渔业技术推广站高级工程师，主要研究领域为水产增养殖。

关键词：海参产业　新冠肺炎　良种选育　绿色养殖模式　养生保健产品

海参属于无脊椎动物、棘皮动物门、海参纲，全球有1200多种，中国约有140种。海参在中国温带区和热带区均有分布，其中温带区主要在黄渤海域，主要经济品种是刺参，是中国山东及辽东半岛自然分布的海参纲中的最优品种，也是具有独特养生保健和生态环保作用的高值海水养殖品种。

2020年以来，新冠肺炎疫情在全球范围内暴发和流行，成为各个国家重大突发公共卫生事件，对中国经济社会和各民生行业的正常生产造成了不同程度的影响。[①] 中国是全球最大的水产品消费国[②]，在此次疫情中，水产行业的生产、加工、流通、市场消费和对外贸易等各方面均受到全面冲击和影响。在新冠肺炎疫情笼罩背景下，人们对提高自身免疫力、增强病毒抵抗力产生了强烈需求，拥有极高食疗价值的海参再次进入大众视野。作为传统"海产八珍"之首，海参以其富含的独特营养成分，成为大众日常生活中的重要养生保健产品，也是疫情期间增强免疫力的功能产品，在受到疫情冲击的同时，海参产业也积攒了转型发展的新动能。

随着2019年农业农村部、生态环境部、国家发改委等10部委联合发布《关于加快推进水产养殖业绿色发展的若干意见》（以下简称《意见》），水产养殖业的转型升级、绿色高质量发展被提上日程。[③] 自《意见》发布以来，国内各省份纷纷出台针对本省水产养殖绿色发展特点的指导意见及实施方案，围绕加强科学布局、转变养殖方式、改善养殖环境、强化生产监管、拓展发展空间、加强政策支持及落实

① 张忠、陈新军：《新冠肺炎疫情对全球渔业的影响及对策建议》，《水产科技情报》2020年第6期。

② 张瑛、赵露：《中美水产品消费需求对比研究及其启示》，《中国海洋大学学报》（社会科学版）2018年第5期。

③ 崔利锋：《绿色渔业发展战略研究》，《中国渔业经济》2018年第3期。

保障措施等方面提出具体要求，在疫情防控常态化时期，《意见》将成为指导中国水产养殖业绿色发展的纲领性战略。结合疫情暴发和流行带来的世界环境的变革，深刻考量疫情为海参产业全产业链条带来的发展契机，系统分析产业环境因素，科学研判发展机遇，统筹应对措施，培育新动能，加速推进行业转型升级和高质量发展具有重要意义。

一　海参产业的兴起与发展脉络

在 20 世纪 90 年代海参养殖技术基本完善后的 30 余年里，海参产业在经济利益和市场需求驱动下，历经产业区域和规模的不断拓展，逐渐发展成为海水养殖支柱产业和国民经济热点。系统回顾产业历程，梳理产业发展脉络，分析板块格局的形成演变，研究产业模式分布，对于精准掌握产业动态、预判产业发展趋势、保障产业绿色发展十分重要。

（一）产业发展历程

在中国，海参人工繁育技术研究始于 20 世纪 50 年代。70 年代，山东省海水养殖研究所科技人员解决了采参人工饲育、幼体适宜饵料、稚参立体附着及流水饲育等技术问题，初步建立了海参人工育苗和增殖技术。80 年代中期，海参全人工育苗技术生产工艺确立，池塘养殖、浅海增殖等关键技术取得进展。至 20 世纪末，海参育苗养殖技术已逐步完善，海参产业蓄势待发。

在 21 世纪的最初十年，国内海参产业发展由高速扩张走向繁盛期。2003 年，非典型肺炎（SARS）疫情暴发后，海参产品的功能保健作用得到市场认同，海参产业在山东、大连地区大规模拓展，从业者对海参生产的热情空前高涨，以海参养殖为标志的中国第五次海水养殖浪潮逐渐形成。2006 年，海参工厂化养殖模式兴起，并取得显著经济和生态效益。2008 年，国内海参经营者将目光转向平民市场，加工产品向中低端市场发展，产业平稳度过国际金融危机。2010 年，海参产业达到上升拐点，尤其大规格参苗价格大幅上涨，助推了海参产业空前繁荣和大发展。①

进入“十二五”后，海参产业在持续发展中遭受政策环境与自然气候变化影响，开始进入调整阶段。2011 年，卫生部出台措施整顿“糖干海参”等劣质加工产品扰乱市场现象。2012 年，山东省针对产业现状与发展需求，组建成立了首个水产行业产业技术体系创新团队——山东省刺参产业创新团队，目前亦是国内唯一的海参产业创新团队。2013 年，夏季极端高温天气导致山东省海参养殖减产；在中央出台的相关政策推行下，市场需求降低，产业出现下行拐点。2014 年，海参价格在低谷徘徊，平民化消费理念逐渐形成；9 月，央视报道大连海参抗生素事件，大连海参商会诚信联盟和山东省“胶东刺参”质量保障联盟先后召开会议，研讨促进产品质量安全。2015 年，海参产业探索转型升级之路，山东省威海市成为首个“中国海参交易中心”。②

在经历短暂低谷期后，海参产业在逐渐恢复中重获生机。2016 年，威海市荣获“中国海参之都”称号③；山东省刺参产业创新团队“十三五”建设启动，继续引领产业科技创新，推动产业提质增效，海参产业新旧动能转换步伐加快。2018 年，夏季高温再度肆虐，辽宁地区海参池塘养殖受到严重影响，安全度夏成为北方海参养殖产业的主题。2019 年，福建霞浦县获评“中国南方海参之乡”称号④，进一步提高了海参产业的知名度。2020 年 7 月 16 日，因疫

① 李成林、胡炜：《我国刺参产业发展状况、趋势与对策建议》，《中国海洋经济》2017 年第 1 期。

② 李成林、胡炜：《我国刺参产业发展状况、趋势与对策建议》，《中国海洋经济》2017 年第 1 期。

③ 威海市人民政府：《“中国海参之都”称号花落威海》，http://www.weihai.gov.cn/art/2016/10/17/art_58817_1801399.html，最后访问日期：2020 年 12 月 28 日。

④ 中国水产流通与加工协会：《关于授予福建省宁德市霞浦县“中国南方海参之乡”称号的决定》，http://www.cappma.org/view.php?id=4083，最后访问日期：2020 年 12 月 28 日。

情推迟了 4 个月的央视“3 · 15 晚会”播出，报道个别海参养殖户违规使用“敌敌畏”“土霉素原粉”以及加工不规范等一系列问题，疫情防控常态化时期对海参产业的安全生产提出了更高的要求。

历经多年发展，2019 年中国海参产业的总产量达 17.2 万吨，以占国内海水养殖 0.8% 的产量创造了 7.7% 的产值[①]，海参产业已成为中国水产养殖业产值及利润最高的产业之一，且继续保持稳中有升的势头。

（二）产业格局的形成

海参产业发展之初，首先在海参自然分布的北方沿海区域形成了以山东、辽宁为主产区的核心产业集群区。随着海参育苗、养殖、加工、流通、文化、旅游等相关产业链条在北方的相继发展，以北方为代表的海参产业格局逐渐形成。其中，山东省以烟台、威海、青岛等为传统养殖产业区域，辽宁省主养区主要为大连、锦州、葫芦岛等地市，河北省主要养殖区位于秦皇岛、唐山等地。

2003 年，山东省东营市河口区试养海参成功，“东参西养”战略开始提出，海参养殖逐渐由原先的传统地区向无天然分布的区域扩展，从而拓展了产业发展的空间。2004 年，福建省海参试养成功，自 2007 年以来，“北参南养”规模快速扩张，南方养殖户将海参引入本地沿海地区进行养殖，南方海参产业得到迅猛发展，特别是以福建霞浦为代表的海参养殖依托传统养殖基础和地理水文条件优势，养殖产量的国内份额逐年提高，开创了国内海参养殖产业的新局面，形成了辽宁、山东、福建等三大集群地区的产业板块结构。至 2019 年，山东省海参年产量达 9.3 万吨、辽宁省为 4.5 万吨、福建省为 2.7 万吨，三地总产量占全国的 95.9%。[②]

---

① 农业农村部渔业渔政管理局、全国水产技术推广总站、中国水产学会编制《2020 中国渔业统计年鉴》，中国农业出版社，2020，第 28 页。

② 农业农村部渔业渔政管理局、全国水产技术推广总站、中国水产学会编制《2020 中国渔业统计年鉴》，中国农业出版社，2020，第 28 页。

（三）主要生产模式及其分布

目前国内海参增养殖模式大致分为陆基和海基，陆基养殖模式包括池塘养殖、工厂化养殖和围堰养殖等，海基增养殖模式主要包括底播增殖、筏式吊笼养殖、浅海网箱养殖等。其中，池塘养殖是目前海参总产量中占比最大的养殖模式，其集中连片代表地区为山东省东营市河口区、垦利区和辽宁省锦州市凌海市等。工厂化养殖是一种高密度集约化养殖模式，可使海参避开在自然生长状态下的冬眠和夏眠，实现全年生长，其代表地区为山东省日照市东港区、烟台市莱州市等。围堰养殖是在潮间带或潮下带区域建造石头或水泥坝体形成围堰，依靠自然涨潮纳水的一种海参养殖模式。随着沿海经济的发展以及临海工业和围海造田等活动的开展，围堰养殖规模已大幅缩小。底播增殖是在条件适宜的海区内，通过构筑参礁、移植大型藻类改善海区条件，采取投放亲参或大规格苗种等措施，增加海参生物资源、提高海参产量。该模式的产品品质最高，生态效益和养殖效益显著，但对海区条件要求高，需看护管理，投入成本高，生长周期较长，代表地区为辽宁省大连市长海县、山东省烟台市和威海市等，此模式是今后产业发展的趋势和重点方向。筏式吊笼养殖是目前南方海参产业的主养模式，通过在浅海搭建浮筏、设置吊笼等措施进行海参养殖，代表地区为福建省宁德市霞浦县。浅海网箱养殖同样是在海区中设置网箱进行养殖或苗种中间培育，代表地区为辽宁省大连市和山东省烟台市、威海市等。

二　新冠肺炎疫情对海参产业造成的冲击

目前国内海参产业从育苗、养殖、增殖、饲料及投入品到产品加工、流通和市场消费，形成了较为完整的产业链，在水产领域中成为专业化分工水平较高的行业，各产业环节之间保持着较紧密的依存关系，影响产业运行的因素较多。自 2020 年新冠肺炎疫情发生以来，因防控需要，中国的劳动力供给、物资运输、产品消费以及科研服务等领域均处于非正常状态，这对海参产业造成了不小影响。

（一）疫情对生产环节的冲击

疫情暴发正逢春节假期，水产育苗及养殖企业的员工多已回乡探亲，在各行政区实行防控隔离措施的情形下，工人们无法按时返厂复工，人员不足导致的管理不力、生产计划延误等问题势必对企业的产量效益造成影响，对从事海参亲本育肥、苗种繁育的企业均造成不同程度的较大影响。由于隔离防控的需要，各地实行交通管制，物流行业服务能力大幅降低，饲料、免疫增强剂尤其是微生态制剂等渔用投入品物资流通受阻，致使部分备货不足的生产企业物资紧缺，影响了正常生产运营。

（二）疫情对销售流通的冲击

各地实施的交通管制给水产养殖行业的运销带来巨大挑战，部分地区鲜活水产品如池塘养殖鱼类、贝类大量积压滞销，“卖难”的问题非常突出。同时，由于部分仓储、加工企业受疫情影响劳动力不足，无法应付大量产品积压滞销情况。“居家隔离”“封城封路”等防控措施的施行，直接导致了水产品消费市场以及餐饮市场的空前萧条，尤其是疫情之初，餐饮业完全停摆，流通基本中断，消费者对产品的需求大幅下降，多数消费者取消了旅游、餐饮、外出娱乐等消费，同时相应减少了支出，各类水产品特别是海参等高端海鲜消费力度骤减，直接造成了各地水产品经销商的损失。

（三）疫情对水产贸易的冲击

疫情导致航运业运力减少，交运物流行业进出口物流成本和时效性受到影响。在世界卫生组织（WHO）将此次疫情列为国际公共卫生紧急事件（PHEIC）之后，中国水产品的出口贸易也受到严重冲击，尤其是部分本应上市销售的水产品种，由于错过了最佳销售时机，企业不得不承受重大的经济损失。近期，全国多省市在进口冷冻水产品上检测出新冠病毒，表明新冠病毒可以以冷链物流产品为载体，完成远距离跨境输入。这意味着冷链水产品有可能成为新冠病毒新的感染源，给进口冷链水产品管理带来更大的挑战。

（四）其他相关影响

疫情防控前期，海参产业科技人员难以如期走进车间池塘，针对现场实际情况开展面对面的技术指导和答疑交流，对部分技术工艺水平较低、对生产关键环节把控不足的养殖户和企业也造成了较大影响。由于疫情早期人们对病毒来源和传播途径不明确，个别有关水产品的不明恐慌和负面流言开始传播，其中存在造谣、误传等社会现象，导致水产行业再次“躺枪”，影响了水产行业各品种产业的正常发展。

三　疫情防控常态化时期海参产业面临的问题

（一）极端天气灾害频发

海参产业尤其是池塘养殖产业因其暴露性和脆弱性易受灾害影响，在遭受的各类自然灾害中绝大部分是气象灾害，而在气象灾害中尤其以极端高温、连续强降雨、台风、低温寒潮等影响最为严重。受全球性气候变化影响，近年来中国北方夏季连续出现极端高温天气，并已逐渐呈常态化趋势，北方海参池塘养殖产业受到严重冲击。2016～2018 年连续 3 年间，夏季高温连续肆虐，尤其是在 2018 年辽宁地区池塘养殖遭受重大损失，时至今日依然未能完全恢复苗种存量。

（二）环境突变引发危机

近年来气候及养殖环境的变动，导致养殖水体富营养化、有害藻华泛滥和大型藻类暴发增殖等现象频发，已对海参安全生产构成严重威胁。其中，以海苔为主的大型绿藻暴发时，大面积遮蔽阳光，阻隔空气与水体交换，影响海参养殖环境中其他有益藻类的生长，当其繁殖到一定程度后，所在水域营养减少，腐烂后产生大量有害物质，可对海参养殖造成较为严重的危害。2013 年以来，浒苔暴发现象在一些海参养殖地区连年发生，涉及海域范围较广，造成大量经济损失。

（三）技术模式发展滞后

目前，海参产业存在养殖模式创新不足、设施化工程化水平低、资源综合利用率低、产量不稳定、抗风险能力差等问题。多年来，海参陆基养殖模式仍多为池塘养殖、工厂化养殖及围堰养殖，资源依赖程度高，机械化、信息化、自动化水平低，养殖容量评估、多元化生态养殖与资源化利用等关键技术的集成创新与示范应用不足，远未达到高效、节能、生态、安全的集约型工程化生产水平，由于急功近利等因素，部分地区依然存在大排大灌等传统模式，从业人员技术素质参差不齐，不利于产业绿色发展。

（四）良种覆盖率亟待提升

尽管海参产业已发展多年，但为数不少的育苗场等生产单位仍随意选择养殖群体进行累代自繁，致使中国海参种质资源日渐匮乏、退化，造成海参苗种生产病害频发、苗种产能利用率极低等问题。一些科研和苗种生产企业多注重引进外埠品种，忽视了引进品种的影响以及对本土原良种的种质保护、提纯复壮和选育培育，盲目引种、无序引种等现象时有发生。海参原良种场和已育成新品种（系）的作用未得到充分发挥，育苗企业经常随意选用种参育苗，养殖户更是以价格便宜为标准选购苗种。

（五）环保风险不断加剧

海参养殖依赖于外部生态环境，由于稳定、高效、环保的养殖用水处理技术难题没有得到解决，目前污染外部水域环境的风险仍然存在。在海参养殖产业发展过程中，池塘养殖的过度开发在一定程度上破坏了滩涂对海洋环境的保护和修复作用，而工厂化集约式养殖随意盲目使用深水井又对沿海地区地下水资源造成了威胁。海参养殖与水域环境互相影响，海参养殖产业对水域环境产生影响的同时，水域环境也对海参养殖进行客观限制。[①] 发展资源节约、环境友好的产业模式，是当前降低环保风险的迫切要求。

（六）安全用药存在隐患

目前海参养殖中缺少有效方法和药物防治大型藻类繁生与其他敌害生物，生产中存在个别使用除草剂等药物的现象，造成生态环境安全和药物残留等重大隐患，急需引起行业主管部门的重视。此外，由用药知识不足、法律意识不强等导致的违规用药现象也是潜在问题，在药品安全购买、使用等方面的责任监管、法规宣贯措施尚没有达到直观、便捷的效果。

（七）保障机制尚未成熟

在海参产业经营中，合作社等生产联合体的功能作用尚未得到完全发挥，订单式生产也未广泛应用，如遇疫情等意外风险，不能及时有效地提供不同生产环节的相互支撑。此外，尽管近年来中国在不断探索建立养殖灾害风险保障机制，但目前从业人员尤其是个体养殖户对各种保险方式的参保积极性不高，相关认识和理念仍需跟进。保障机制的缺失将令产业无法有效降低高温、暴雨、台风、冰冻等气象灾害给产业造成的突发经济损失。

（八）舆情应对有待完善

在全媒体时代，海参产业在突发新闻事件舆情中的引导与应对尚待完善。2020 年 7 月 16 日，央视“3・15”晚会曝光了海参养殖

---

① 梅宏、孔静：《海参增养殖产业绿色发展的路径探析》，《中华环境》2019 年第 9 期。

问题，覆盖海参育苗、养殖、加工、流通等全产业链各个环节①，成为对产业的又一次考验。产品质量安全突发事件，是当下最受群众关注的社会风险之一，事件涉及海参产业许多专业领域，极易成为舆论的发酵点，随着时间的推移产生不确定性，而当前在处置应对方面还存在时效滞后、统筹不足等问题。

四　疫情防控常态化时期海参产业发展对策

新冠肺炎疫情发生以来，在以习近平同志为核心的党中央的坚强领导下，全国各族人民众志成城、携手抗疫，目前国内疫情控制得当，社会秩序恢复正常。但据有关专家意见，2020 年冬和 2021 年相当长时间内新冠肺炎疫情仍有大范围复发的可能性。当前海参产业应继续多管齐下，疏通并提高产业链各环节的对接效率，加强科技支撑和引领，探索生产销售新模式，进一步加强应急管理和保障能力建设，基于绿色发展视角在政策制定、科学研究、监测管理、产业升级等各方面采取主动策略。

（一）加强政策引领，做好常态化防范

1. 强化政策支撑

认真贯彻《关于加快推进水产养殖业绿色发展的若干意见》，深入落实 2020 年水产绿色健康养殖“五大行动”有关工作要求，提高思想认识，明确行动工作目标。加大多渠道财政资金投入，继续稳定支持海参产业种质保存、选种繁育和资源养护等基础性研发，加大对节能减排、资源化利用和智能化设施研发方向的支持力度，建立良好的激励政策。②

① 王印庚、廖梅杰、李彬、荣小军、张正：《海参“3.15”事件解读及产业可持续发展思考》，《科学养鱼》2020 年第 9 期。

② 韩刚、许玉艳、刘琪、房金岑：《科学制定水产养殖业绿色发展标准的思考与建议》，《中国渔业质量与标准》2019 年第 5 期。

2. 做好常态化防范

建立地区间政务沟通平台，各地政府在充分挖掘本地及周边资源潜力的同时，做到地区间的渔业以及人力资源、交通、公安、卫生等多部门协同组织、联动对接，合力保障生产资源的调配输送工作。针对疫情时投入品等生产成本上涨的问题，可探索开启较经济的养殖管理和错时上市等安全模式，节省成本、规避风险。在疫情防控常态化时期，做好常态化防范工作，加强部门监管联动，提高监管效率。加强产品质量安全检测能力，对重点场所的外部环境、产品外包装等及时开展核酸检测，发布检测结果，消除隐患。

3. 规划产业布局

科学制定产业中长期发展规划，加强产业布局。现有海参生产区域应进一步优化空间布局，提高生态健康生产模式的占比，在适宜区域内发展适宜模式。对非海参主产区，依据当地资源是否合适发展海参产业，确定产业开发的规模与发展区域。在巩固当地传统优势养殖品种的基础上，鼓励环境状况优、基础条件好的地域适度开发海参养殖，对条件不具备的区域限制开发海参养殖。

4. 推动标准化进程

推动海参产业育苗、养殖、加工环节的标准化、规范化进程，加大对相关国家、行业标准的执行和监管力度。继续研究相关领域的标准，填补养殖模式、配套设施、加工指标、产品包装等方面的技术空白，为各环节生产企业提供可参考、可操作的技术指导与生产规范，提升产品质量档次。

（二）坚持创新驱动，促进产业升级

1. 创新绿色养殖模式

加大对适宜不同地域特点的海参生产创新技术与绿色健康模式的研发与应用，如海参—对虾循环接力式养殖模式、池塘多品种生态混合养殖模式、海参工厂化暂养度夏技术、海参池塘底铺环管降温技术等。注意养殖环境水质突变等危害的预防措施，通过科学布设网箱网围、推进养殖尾水治理和加强养殖废弃物治理等多项措施，加强水域自然生态环境建设。

2. 加强种质资源开发

重点加强海参种质资源保护，加强对生长快、抗逆性强等优势性状种质的创制与开发利用，提高苗种质量。保护利用好本土海参种质资源，限制引进国外品种，加强对土著品种提纯复壮与良种选育。发展精确、高效、可控的数字化制种技术，形成与新品种配套的高效、安全养殖技术标准和规程，为规模化推广和产业健康发展提供品种和技术支持。

3. 建立绿色病害防控体系

科学使用益生菌制剂，提倡在育苗、养殖过程中广泛应用发酵饲料。加大微生物制剂在生境调控和病害防控中的应用与推广力度，规范投入品施用策略，推动海参养殖病害防控向多层次、全方位的绿色防控过渡，减少抗生素和化学药物的使用，促进海参育苗和养殖生产全程的质量安全与生态环保。加强水生动物疫病防控创新技术应用，推广疫苗免疫、生态防控措施，注意生产全程的绿色安全用药，推进水产养殖用药减量行动。

4. 提升精深加工水平

研发应用绿色环保加工技术，提高产品质量控制技术手段，减少海参营养物质流失，提升摄取营养物质的消化吸收率。丰富海参加工产品线，开发多样化产品，重点加强食用便捷和原生态型加工产品的研发，加强海参副产物高值化拓展利用。加强水产品质量安全检测，推动产品向产地优美、产品优质方向转型。

（三）加大监管力度，建立长效机制

1. 强化联合督导

加强与工商、质检等部门的联合执法，对药物经销商严格经营范围，严打狠抓，坚决杜绝违禁药物、兽药原粉的违规销售。提高对个体养殖户的排查频次，加大监管力度，严格生产规范和投入品使用，如有违规者坚决予以关停处罚。

2. 加强投入品监管

强化对海参养殖过程中药品以外其他投入品作用的监管，特别是对于以改善养殖水环境、增强机体免疫能力等为名义的投入品，应严格规范与监测，避免不合格及含违禁成分的产品进入养殖生产环节。

3. 压实生产管控

加强养殖户清塘用药规范指导。加强外购海参苗种的病原检测，密切注意养殖外源水的水质指标和药残检测。加强对养殖场周边环境清理、美化的督导工作。

（四）线上线下联动，促进产销衔接

1. 加快资金周转

依托大型电商平台良好的购物便利性、安全性以及品质保障和售后服务等信誉资本，加大线上订单的输出，以负毛利或微利价格销售，尽可能减少商品囤积带来的各种不良后果，加快资金周转。

2. 创新流通模式

引导企业与电商、超市开展对接合作，进一步促进渠道畅通衔接。以疫情期内兴起的创新流通形式为契机，基于绿色发展标准升级改造产品市场，借助水产品冷链物流发展要求，积极创新完善产品配送模式。

（五）开展培训宣介，加强舆情应对

1. 推广新技术新模式

促进一系列可操作性强、针对明确、易于推广的海参绿色养殖新技术新模式落地。重点提倡多级分段式灵活周转方式，推广以海参为主导的多营养层级绿色养殖，在设施化提升改造基础上发展资源节约型模式，普及环境友好型投入品施用策略，达到节能降耗、提质增效、增产增收、绿色环保的目的。

2. 加强规范用药和普法培训

加强对海参从业者相关知识的培训，并进行考核，做到持证上

岗、承诺诚信生产与经营。加强宣传普法和规范用药培训，上线“明白纸”，所有违规违禁药物名单一目了然。

3. 妥善应对负面舆情

缩短处理产业突发公共事件的应急反应时间，防范影响产业公信力的事件与消费信任危机。设立行业应急机构或启动专项资金，委托开展专项舆情全网监测，发现不明流言和恶意谣传及时从专业角度予以有针对性的批驳，维护海参产品质量安全的良好正面形象。

4. 加强科普知识宣传

从海参育苗、养殖、加工、食用、烹饪等方面对消费者加强知识科普，消除不实消息引起的恐慌与不信任。鼓励科研人员充分利用电话、微信、网络直播平台等多种远程沟通形式开展技术咨询服务和新技术成果的宣介推广。结合产业实际、针对企业特征，分别提供个性化的技术服务，献计献策，加快引领产业向现代化、工程化转型升级。同时积极开展宣传，深度挖掘产品的消费潜力，推动产业持续健康发展。

（六）建立大数据，实现安全追溯

1. 发展信息化技术

发展人工智能、信息大数据等技术，深入产业链各个环节。整合有机生态农业、物联网、大数据等高科技手段，进行数据监测、信息追踪和品质监控，实现智能化、工厂化全流程高端海水养殖管理，实现产品全生命周期的质量安全。

2. 完善产品质量追溯

实行冷库疫情管理制度常态化，所有进口水产品均需要凭核酸检测和消杀证明入库，整个过程均纳入全程视频监管，通过建立规模化可追溯的数据库，实现全流程可追溯管理。

（七）加强行业自律，完善保障制度

1. 发挥产业联盟作用

推动产业联盟、协会、合作社等组织充分发挥监管、督导作

用，发现问题时主动发声，严格行业自律，树立负责任的企业形象，保障产品质量可追溯。

2. 建立专家会商制

建立定期专家会商制度，每季度或半年召开会议，及时将涉及专业技术方面的疑难问题向有关专家进行咨询、会商论证。由专家编制绿色安全生产指导意见等，由省农业农村厅发布，指导全省海参养殖产业绿色发展。

3. 逐步推进保险制度

加大财政投入，逐步试点推行以海参为主的高值水产养殖品种的天气指数保险等保险业务。采取多方联动形式，加快推进政策性水产养殖保险的出台和落地，为产业持续发展提供有力保障。

（八）挖掘海参文化，多产融合发展

1. 挖掘产业文化内涵

结合海参食用悠久历史，从文化层面加强宣传与辅助，通过打造固定节日、建设“海参文化博物馆”等手段，逐步打造海参产业文化，扩大海参产业的影响力，树立高端健康产品形象，进一步挖掘和弘扬海参文化、拉伸产业链条。

2. 推动多产融合发展

通过建立相关服务平台，组织举办各类宣传活动，向消费者提供海参养殖、采捕、加工、烹饪、产品品鉴等体验，加强海参生产过程、营养功效、烹食方法等方面的知识宣介。同时积极结合文化、旅游、信息、餐饮等相关产业，促进多产融合发展，以保健为核心激活各类资源，发掘海参产业持续发展的潜力。

五　海参产业未来展望

（一）产业地位更加彰显

相对于其他水产品种，海参以其高端的商品属性奠定了中国尤

其是北方地区人民健康消费首选品种的市场地位，产业发展一度如火如荼。随着行业内规范性组织的相继成立，海参产业由之前的扩张式发展逐渐向规范化、标准化转变，形成了育苗、养殖、增殖、营养饲料、加工、流通等明确的产业环节和逐渐成熟的技术体系，技术和市场的成熟使刺参产品的稀缺属性逐渐弱化，商品价位回归合理。目前由于健康理念的深入人心和人民对美好生活的不断追求，海参产业已成为名副其实的朝阳产业，在疫情全面结束后，预期会迎来新的飞跃，产业地位将进一步彰显。

（二）产业发展迎来新机遇

目前，新冠肺炎疫情已对全球经济体产生了较大冲击，对于本土市场潜力大、产业链齐全、具备改革潜力的中国经济来讲，也是危中有机。2020 年 7 月，习近平总书记指出："逐步形成以国内大循环为主体、国内国际双循环相互促进的新发展格局。"① 从短期来看，由于海外疫情此起彼伏，中国具备了打造"内循环经济"的基础；从长远来看，要取得"内循环经济"的进一步发展，仍需加强开放，释放国内的经济和消费市场的潜力。水产品是优质安全的蛋白质来源，水产行业是促进"内循环经济"的重要领域，但目前水产品产量提速早已跟不上消费需求的增加。随着全民"战疫"的节节胜利，各行各业必将逐步恢复常态，人们对提高自身免疫力、增强病毒抵抗力将再次发出强烈需求。从业者应树立疫情防控的信心和稳产保供的使命感，密切关注与掌握产业动态，备战疫情之后产业发生新飞跃的发展机遇。

（三）产业绿色发展进程加快

从长期发展来看，水产行业的综合竞争力和可持续性需要以产

---

① 《（受权发布）习近平：在企业家座谈会上的讲话》，http://www.xinhuanet.com/politics/2020-07/21/c_1126267575.htm，最后访问日期：2020 年 12 月 28 日。

业绿色发展来有效提升。今后海参产业将在饵料投放、环境监控、水质改良、底质改造、采捕方式等方面实现机械化和智能化，互联网、物联网、区块链、生物菌等技术将更多地应用于海参育苗和养殖产业，海参生产操作将更加简化，池塘亩产量和底播增殖产量将会进一步提高。此外，经历此次疫情，消费者更加重视产品产地、供应链等信息，必将促进产业大数据、物联网和人工智能等技术在海参生产领域的推广应用，将实现从海参育苗、养殖到加工的全程可追溯。为进一步巩固"战疫"成果，在政策层面应提速推进产业绿色发展，同时，随着清洁能源应用、资源化利用、机械化操作、信息化管理和智能化控制等现代化生产技术等的创新发展，养殖良法率和生产设施化水平不断提高，海参生产向标准化、精准化方向发展，从根本上强化优质产品供给能力，产业绿色发展水平将全面提升。

（四）消费市场空间稳步拓展

作为高值滋补品，海参产品的消费者关心产品的安全性和来龙去脉。随着5G和区块链技术的广泛应用，海参从苗种到养殖、采捕、加工、销售全过程的可视性追溯成为可能。① 在疫情后全程可追溯模式实现的条件下，海参产品将进一步获得消费者的信任，进而提高市场占有率。同时，从近年来消费群体变化趋势看，未来海参市场消费群体的年龄将进一步降低，45岁以下群体的占比将进一步提高。随着海参营养保健功能认知度的提升，消费地域也将从北方沿海地区，逐渐向南方及广大内陆地区拓展。② 此外，海参在消费市场的角色也将由餐饮菜品、高端营养品，逐渐向医药功能产品方向拓展。面对消费市场的拓展，海参产品的销售运营方式在疫情

① 郑鹏、邹丽：《供给侧改革下水产品质量追溯体系建设研究》，《中国渔业经济》2018年第2期。

② 彭乐威、刘东、李泽善、姜启军：《新冠肺炎疫情对我国居民水产品消费意愿与行为的影响分析》，《中国渔业经济》2020年第2期。

防控常态化时期也将符合水产品新零售的大方向，基于消费需求大数据，把握机遇、精准预测消费者购买行为，全方位满足市场消费需求。

（五）团体与区域品牌崛起

随着国内海参产业的持续发展，中国水产流通与加工协会、中国渔业协会等团体组织纷纷成立海参分会，将以高标准的产品和全程追溯体系，带动海参产业的发展。未来海参品牌将以地域品牌为主，在各地政府和协会的努力和组织下，更多的地域品牌有标准、有管理、有背书、可追溯、有品质，将逐渐成为市场销售的亮点。行业内将形成团体和区域品牌认证和管理体系，行业自律进一步增强，信息共享与交流更为顺畅，各项质量标准逐步健全，产品生产更加规范，行业联合组织内的企业发展空间持续拓展。各类海参产业团队组织将维护良好市场秩序，保障标准化程度达标的企业持续向市场供应高品质产品，引领全国海参产业持续健康发展。

（六）多渠道营销全面兴起

多渠道营销是互联网大数据时代所有行业急需面对的课题。①疫情发生以来，生产商家为满足消费者随时随地及各种购买方式的需求，采取了线下实体渠道与线上移动端电商整合的方式销售商品或服务，以向消费者提供无差别购买体验，这种线上线下相结合的营销模式的兴起将促使企业进行革命性变革，建立以消费者为中心的经营理念。对于海参产业而言，为拓展自身发展空间，将会在传统的交易平台、实体门店、网络销售的基础上，开拓营销渠道，以满足不断增加的消费群体，适应不同的消费习惯及其他方面需求。根据市场调研数据，海参产业应在流程规划建设、生产加工工艺创

---

① 张静宜、刘景景：《新冠肺炎疫情影响下我国水产品市场形势与后市展望》，《中国食物与营养》2020 年第 11 期。

新、产品定位设计、终端物流配送和组织结构建设等各个方面全面提升，准确掌握盈利模式。

（七）大健康产业蓬勃发展

随着《“健康中国2030”规划纲要》的提出与实施，健康产业将发展成国民经济支柱性产业。此次疫情中，海参产品作为疫情时期首选的增强免疫产品更加深入人心。未来生物技术在海参产品加工以及功效因子高效制备中的应用将进一步拓展，海参副产物资源在食品、医药、保健等领域功能产品开发中的高值化拓展利用也将持续加强。推行绿色环保加工技术，促进多态型海参加工产品发展，重点研发营养物质保留率和人体消化率高、食用方便、原生态型的加工产品，构建丰富合理的产品线，进一步提升海参产业的利润。疫情过后大健康产业将迎来快速发展期，由此也必将促进海参产业的健康、持续和高质量发展。

Study on Green Development of Sea Cucumber Industry

Zhao Bin[1], *Li Chenglin*[1,2], *Zhou Hongxue*[3], *Liu Xintian*[4]

(1. *Marine Science Research Institute of Shandong Province, Qingdao, Shandong, 266104, P. R. China;*

2. *Shandong Agricultural and Rural Expert Advisory Group, Jinan, Shandong, 250013, P. R. Chian;*

3. *Shandong Provincial Department of Agriculture and Rural Affairs, Jinan, Shandong, 250013, P. R. China;*

4. *Weihai Fishery Technology Extension Station, Weihai, Shandong, 264200, P. R. China*)

Abstract: Based on novel coronavirus pneumonia epidemic impact on the aquatic industry, this paper reviewed the development process of sea cucumber industry, the formation of industrial pattern and the distribution of main production patterns from the perspective of industrial green development, and analyzed the impact of sea cucumber industry on production, sale, circulation and trade in the epidemic situation, and put forward the main constraints that current sea cucumber industry faces. In the post epidemic era, the sea cucumber industry will usher in development opportunities. We should strengthen the guidance of green development policy, do a good job in normal prevention, continue to increase support for the seed industry, research and development of green breeding mode, establish disease prevention and control system, and strengthen the development of functional products, promote the development of health industry, mining the connotation of industrial culture.

Keywords: Sea Cucumber Industry; COVID –19; Breeding of Improved Varieties; Green Aquaculture Mode; Health Care Products

（责任编辑：孙吉亭）

基于供给侧的中国船舶工业战略转型成因研究

谭晓岚*

摘　要　全球民用船舶和海工装备产品内容繁多，不同产品类别的供给能力主要表现为企业愿意且能够提供的产品。企业能够提供且能接获船舶订单的能力，反映了其总体供给能力。近年来全球新船订单的规模呈现急剧缩小趋势，产能供给过剩的风险急剧凸显。在产品价值分布上，特种船和豪华邮轮是高附加值船型，超大型集装箱船的单位产品价值目前看明显偏低。中国是世界主要散货船产品供给市场，集装箱船在规模上已经接近世界集装箱船最大供给国韩国，海工装备在中低端海工装备上具有较大优势。中国船舶制造业产能集中在总装环节，产能主要集聚在低附加值生产环节，自我配套能力整体不强，产业发展急需战略转型。

关键词　中国船舶　造船厂　新船订单　海工装备　民用船舶

一个产业的国际竞争力研究必须基于产品的供给，特别是工业制造，脱离这一基础就是空中楼阁。因此本文主要是从船舶工业的

---

* 谭晓岚（1977～），男，山东省海洋经济文化研究院副研究员，主要研究领域为海洋战略与全球化、海洋经济、海洋哲学文化。

全球产品类型和中国产品供给结构两个方面展开研究。

一　全球船舶工业的产品供给结构分析

（一）全球船舶产品分析

全球民用船舶和海工装备产品内容繁多，通过对目前全球主要民用船舶和海工装备产品类型的收集整理，将其分为七大类 28 种（见图 1）。

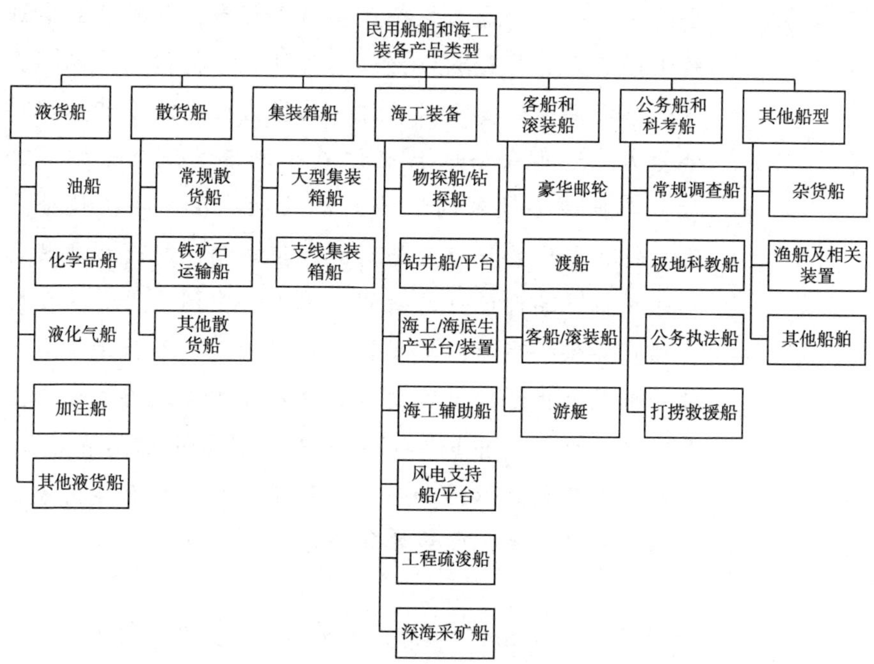

图 1　全球民用船舶和海工装备产品类型

一般而言，不同产品类别的供给能力主要表现为企业愿意且能够提供的产品，这种信息可以通过企业的产品目录进行统计，鉴于全球造船厂数量众多，且信息化水平存在一定差异，最终决定选择各造船厂的接单量这一指标作为产品供给的基本指标。接单量指标是从实际角度出发，说明了企业能够提供且能接获船舶订单的能力，反映了其总体供给能力，具有较强的现实意义、较高的准确度。

据统计，2010～2018 年全球共订购 185 艘民用船舶和海工装备①，主要包括液货船、散货船、集装箱船、海工装备、客船和滚装船、公务船和科考船以及其他船型等六类（见图 1、图 2）。一般而言，造船市场以液货船、散货船、集装箱船、海工装备等四大主力船型为主。

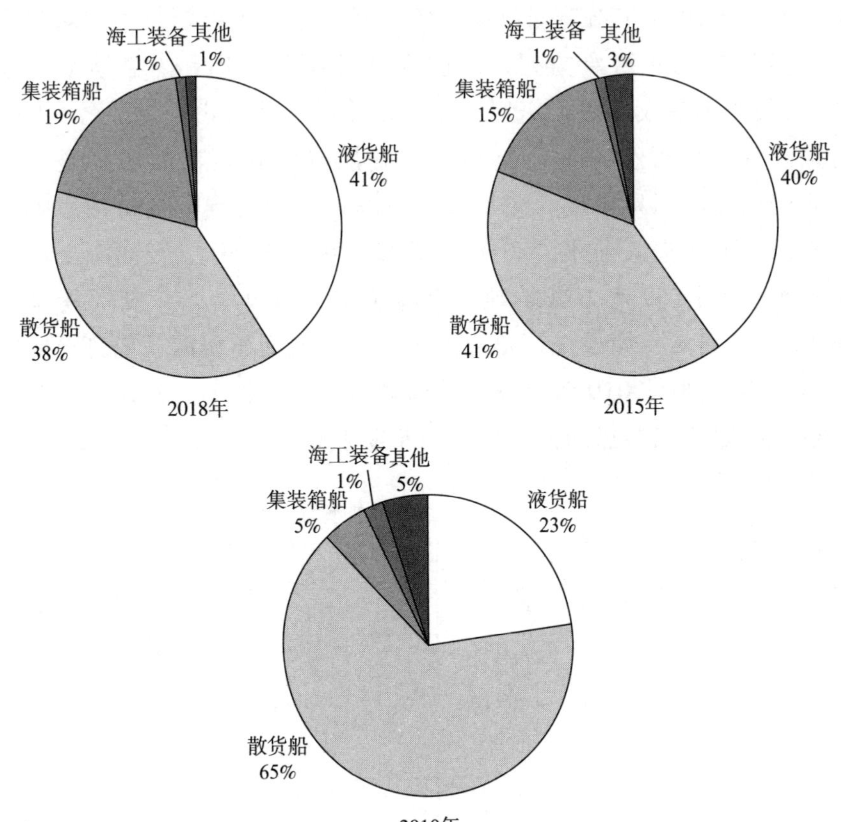

图 2　2010 年、2015 年、2018 年世界新船供给船型分布

资料来源：谭晓岚：《中国船舶工业战略转型研究》，人民出版社，2020，第 48～49 页。

① 谭晓岚：《中国船舶工业战略转型研究》，人民出版社，2020，第 49 页。

2018 年，液货船、散货船、集装箱船占全球新船订单的份额分别是41%、38%、19%，三者合计达到98%。这种分布具有规律性，例如2015 年和2010 年三者的比例分别达到96%和93%。需要说明的是，一般而言海工装备主要是采用 GT（即总吨）核算，上述统计均采用DWT（即载重吨）核算，因此海工装备订单的比例看起来比实际小。

具体来看，将世界排名前十的新船订单船型进行汇总（见表1），可以看出：2018 年新造船市场主要是液货船、散货船、集装箱船占据世界新船成交榜单前列，以艘数计算拖船、渔船、杂货船、客船/滚装船也是成交热门船型，无论以艘数还是以载重吨排名，LNG 运输船（液化天然气船）和 LPG 运输船（液化石油品船）是近年来新船成交的明星船型。海工装备市场近几年受到低油价的影响而一直未有船型进入前十，2018 年成交的 4 艘 FPSO（石油海上浮动装置船）共计 59.8 万载重吨，以吨位量计算排名当年新船榜单的第 12 位。当然，如果统计热门海工装备，成交年份的新船订单则完全不一样，例如 2010 年全球订单以艘数计时，拖船、三用工作船和平台供应船等三型船的订单排名当年新船订单的前十。

表 1　2018 年世界新船船型前十位

2018 年（按艘数排名）				2018 年（按载重吨排名）			
排名	船型	艘数	载重吨	排名	船型	载重吨	艘数
1	散货船	219	21431724	1	散货船	21554124	220
2	集装箱船	183	12922173	2	原油船	15125782	62
3	拖船	183	19743	3	集装箱船	12743680	182
4	渔船	141	69031	4	LNG 运输船	5504807	67
5	杂货船	106	606716	5	化学品/成品油船	3197967	90
6	客船/滚装船	93	253965	6	铁矿石运输船	2833676	9
7	化学品/成品油船	90	3197967	7	穿梭油船	1285202	9
8	LNG 运输船	67	5504807	8	LPG 运输船	1139287	37

续表

2018 年（按艘数排名）				2018 年（按载重吨排名）			
排名	船型	艘数	载重吨	排名	船型	载重吨	艘数
9	原油船	62	15125782	9	原油/成品油船	685400	6
10	成品油船	46	526299	10	杂货船	606813	106

资料来源：谭晓岚：《中国船舶工业战略转型研究》，人民出版社，2020，第 50 页。

（二）全球船舶产品供给规模分析

从数量看，1985～2015 年全球新船订单的规模以艘数计，总体保持增长态势，从 3000 艘左右增加到 4000 艘左右，2018 年新船市场表现相对弱于预期，订单艘数又回到 20 世纪八九十年代的水平（见图 3）。从数量的变化看，订单规模急剧缩小 50%，这意味着市场对造船产能的需求急剧下降，产能供给过剩的风险急剧凸显。

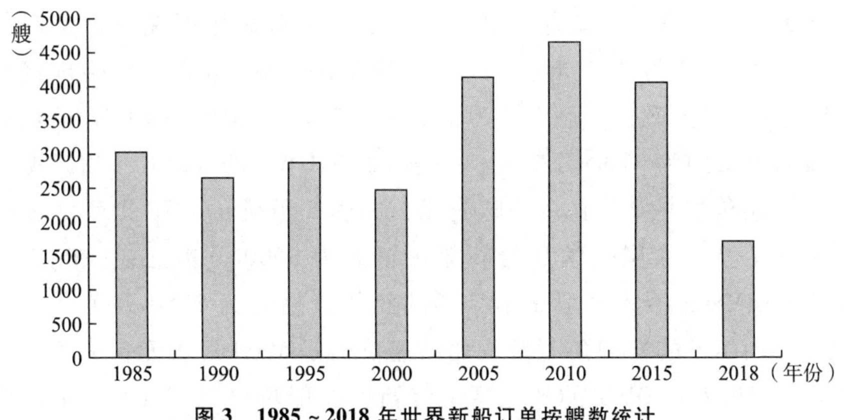

图 3　1985～2018 年世界新船订单按艘数统计

资料来源：谭晓岚：《中国船舶工业战略转型研究》，人民出版社，2020，第 51 页。

从吨位量看，1985～2015 年全球新船订单吨位量总体保持增长态势，30 年间全球产能增长了近 60 倍，年均增幅 100%，如果以复利计算，连续 30 年平均每年增幅为 14.5%（见图 4）。订单量的增加意味着产能的同步急剧提高，根据订单艘数的分析，需求呈现急剧下降趋势，而产能在短期内保持稳定，这意味着产能短期内存在巨大的闲置风险。

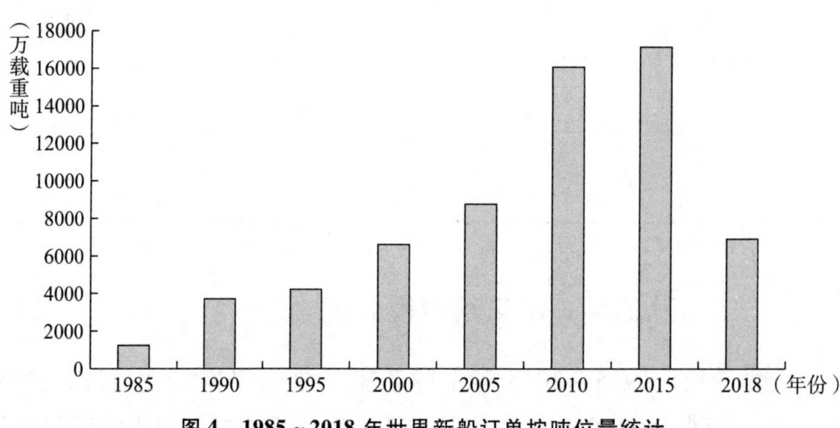

图4　1985～2018年世界新船订单按吨位量统计

资料来源：谭晓岚：《中国船舶工业战略转型研究》，人民出版社，2020，第51页。

（三）全球船舶产品价值分析

近年来，常见散货船、油船、集装箱船等民用船舶造价情况如下：一艘17.4万立方米、8.15万DWT的LNG运输船新船价格是1.8亿～2亿美元；一艘8.4万立方米、5.17万DWT的LPG运输船的新船价格约为7700万美元；一艘32万DWT的VLCC（超大型油船）新船价格是0.9亿～1亿美元；一艘5万吨的IMOⅡ型（成品油化学品船）涂层化学品船新船价格约为3500万美元；一艘2万DWT的IMOⅡ不锈钢型化学品船的新船价格约为3350万美元；一艘18万DWT的好望角型散货船新船价格是5000万美元；一艘2万TEU①、19.7万DWT的超大型集装箱船新船价格是1.4亿～1.5亿美元；一艘1.3万TEU的集装箱船新船价格为1.1亿美元；一艘22.5万GT、1.5万DWT的豪华邮轮新船价格约为14亿美元（见图5）。

① 英文Twenty-foot Equivalent Unit的缩写。是以长度为20英尺的集装箱为国际计量单位，也称国际标准箱单位。通常用来表示船舶装载集装箱的能力，也是集装箱和港口吞吐量的重要统计、换算单位。

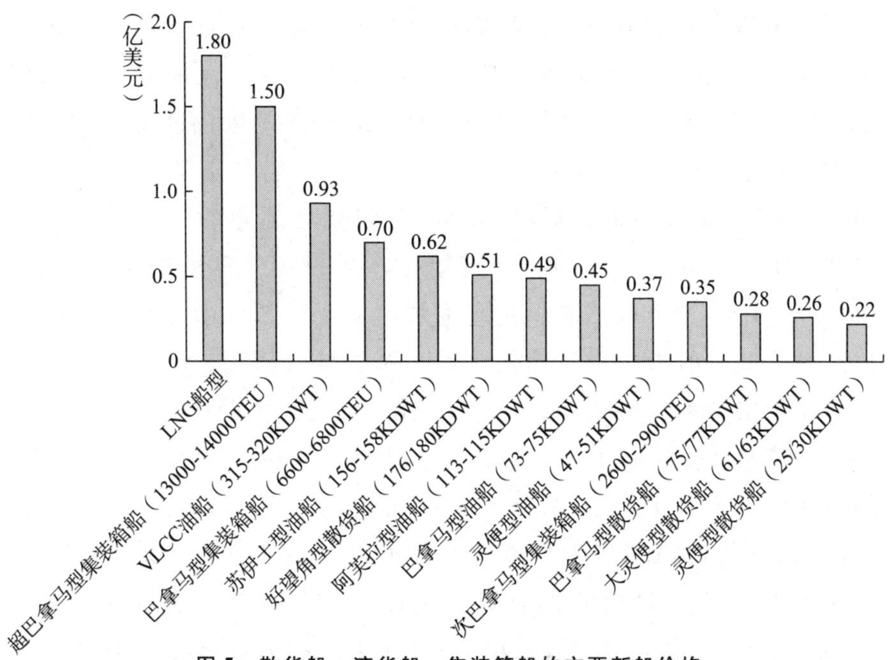

图5　散货船、液货船、集装箱船的主要新船价格

注：KDWT 指 1000 载重吨。

资料来源：谭晓岚：《中国船舶工业战略转型研究》，人民出版社，2020，第 53 页。

对于海工特种功能船而言，一艘 2.4 万 HP/4200 DWT/5900 GT 的三用工作船新船价格是6800 万美元；一艘 4800 GT/4200 DWT/7100 HP 的平台供应船新船价格是 4650 万美元；一艘 20600 GT/9000 DWT 的物探船的新船价格是 2.85 亿美元；一艘 4000 DWT/2.68 万 GT 的自升式钻井平台新船价格为 6 亿美元（一艘 3000 DWT/1.4 万 GT 的价格为 2.2 亿美元）；一艘 6.1 万 DWT/6.5 万 HP/4.6 万 GT 的钻井船新船价格是 8 亿美元；一艘 2.15 万 DWT/3.16 万 GT 的半潜式钻井平台新船价格是 8 亿美元；一艘 19 万 DWT/19 万 GT 的 FPSO 新船价格是 20 亿美元；一艘 9.3 万 DWT/1.18 万 GT 的 FLNG① 新船价格是 29.5 亿美元。

① 又称 LNG-FPSO（LNG Floating Production Storage and of Floating Unit 的缩写），是集海上液化天然气的生产、储存、装卸和外运于一体的新型浮式生产储卸装置，应用于海上气田的开采，具有投资成本低、建造周期短、开发风险小、便于迁移和安全性高等特点。

为分析高附加值船型，我们选择各船型中吨位最大的船舶进行了分析，采用美元/重量表示单位产品价值，其中民船吨位量采用载重吨计算，海工装备采用总吨计算，豪华邮轮采用载重吨和总吨分别进行了计算（见图 6、图 7）。从图 6 中船舶新船造价可以看出，VLCC、超大型集装箱船、LNG 船和豪华邮轮的单船总价基本保持在 1 亿美元以上。如果计算单位产品价值，不锈钢化学品船、LPG 船、LNG 船和豪华邮轮是高附加值船型，超大型集装箱船的单位产品价值目前来看明显偏低。对于海工装备而言，除海工辅助船的新船价格基本保持在 6000 万美元及以下，其他勘探、钻井、生产平台价值基本保持在 1 亿美元以上，半潜式钻井平台和钻井船的新船价格相当于自升式钻井平台和物探船的 2.5 ~ 4.0 倍，FPSO 和 FLNG 的新船价格相当于半潜式钻井平台和钻井船的 2.5 ~ 4.0 倍。因此海工装备的附加值特点较为清晰。如果从单位产品价值看，FLNG 单位产品价值达到 25 万美元/总吨，其次是半潜式钻井平台和钻井船，不过仅为 FLNG 的 1/10。①

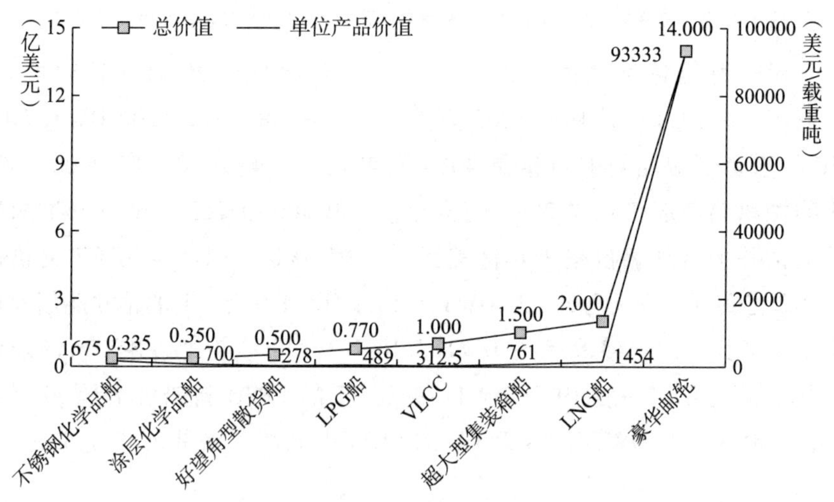

图 6 世界主要民用船舶的新船价值统计

资料来源：谭晓岚：《中国船舶工业战略转型研究》，人民出版社，2020，第 53 页。

① 谭晓岚：《中国船舶工业战略转型研究》，人民出版社，2020，第 52 ~ 54 页。

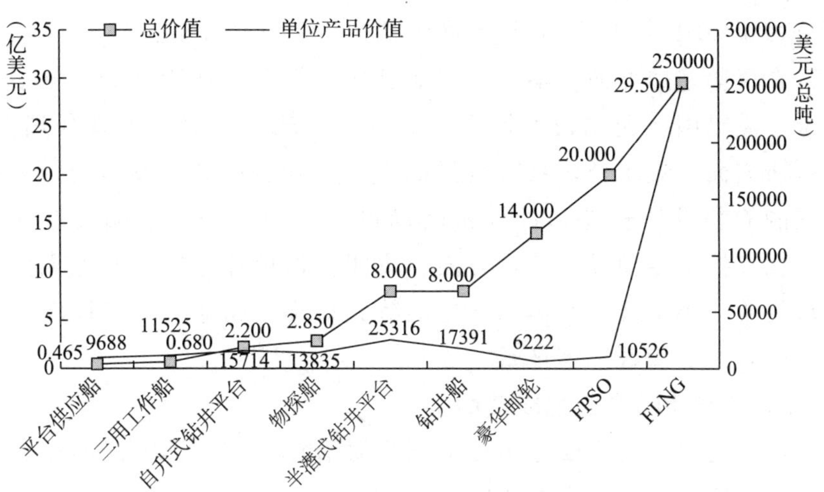

图 7　世界主要海工装备的新船价值统计

资料来源：谭晓岚：《中国船舶工业战略转型研究》，人民出版社，2020，第 53 页。

二　中国船舶工业供给主体及产业分布概况

（一）中国船舶工业产业发展主体构架①

中国船舶工业从清朝洋务运动起发展至今，目前已经是全球最大的造船大国，其产业发展主体为中国船舶工业总公司。在 1999 ~ 2019 年 20 年发展期间，先后经历了分分合合的改革发展历程。1999 年 7 月中国船舶工业总公司分成中国船舶工业集团公司和中国船舶重工集团公司，到 2019 年 11 月 26 日中国船舶工业集团和中国船舶重工集团又合二为一成立中国船舶集团有限公司。除此之外，还有长江航运（集团）总公司以及部分地方造船企业、地方与国外合资造船企业等。

1. 中国船舶集团发展情况

中国船舶集团公司由中国船舶工业集团公司和中国船舶重工集

① 谭晓岚：《中国船舶工业战略转型研究》，人民出版社，2020，第 54 ~ 59 页。

团公司于 2019 年 11 月合并组建而成。

在民船建造方面，集团公司能够建造符合全球所有船级社规范要求，满足国际通用技术标准，适航于全球所有海区的现代船舶。在科研方面，集团公司具有较强的自主创新和产品开发能力，采用先进的船舶设计软件和计算机辅助设计手段，进行船舶设计和生产。在高技术船型设计开发方面，集团公司设计建造了全电力推进火车轮渡、小水线面双体船、超大特大型集装箱船、海洋风车安装船、LNG 船、海洋科考船等。

2. 地方造船企业组成结构

地方造船企业主要分布在中国沿海沿江省市，其中江苏和浙江是地方造船企业比较集中的地区。

根据其分布情况，中国船舶与海洋工程装备制造业形成了相对集中的三大产业生产基地，分别是长三角地区船舶与海洋工程装备制造基地、环渤海地区船舶与海洋工程装备制造基地和珠三角地区船舶与海洋工程装备制造基地。

（二） 中国船舶工业产业集群分布情况

1. 长三角地区船舶与海洋工程装备制造基地

长三角地区船舶与海洋工程装备制造基地主要以上海为中心，辐射江苏、安徽、湖北、浙江及福建 5 省。长三角地区船舶与海洋工程装备制造基地是中国目前规模最大、生产实力最强、产业涉及面最广、发展势头最猛的船舶与海洋工程装备制造基地。它集聚了中国船舶工业集团公司以及江苏、浙江等近百家船舶与海洋工程装备制造企业。主要代表企业有上海沪东中华、上海外高桥造船有限公司等。

2. 环渤海地区船舶与海洋工程装备制造基地

环渤海地区船舶与海洋工程装备制造基地以大连为中心，覆盖辽宁、河北、北京、天津、山东等地区。环渤海地区船舶与海洋工程装备制造基地是中国在该领域技术实力最强的建造基地之一。在建造生产能力、建造规模、涉及产业领域方面，是仅次于长三角地区船舶与海洋工程装备制造基地的中国第二大船舶与海洋工程装备制造基地。该基地主要包括大连造船基地、葫芦岛造船基地、天津大沽造船厂、三星重工业（荣成）有限公司、韩国大宇造船（烟台）有限公司、烟台莱佛士船业有限公司、中船重工集团青岛海西湾船舶与海洋工程造修船基地、青岛北船重工有限公司等。

3. 珠三角地区船舶与海洋工程装备制造基地

珠三角地区船舶与海洋工程装备制造基地是中国第三大船舶与海洋工程装备制造业集聚地。该基地以广东为中心，辐射海南、广西。该基地主要集聚的企业有广州龙穴造船基地、友联船厂（蛇口）等。

三　中国船舶工业的产品供给结构国际竞争力研究①

（一）中国造船业取得显著成就

2008 年 4 月 3 日，是中国造船史上具有重要里程碑意义的一天。这一天，国产首艘万箱船在南通命名交船，中国首制 LNG 船也同时在上海命名交船。两艘船的成功交付，均填补了中国造船业的空白，标志着中国造船业水平取得重大突破。2010 年，中国造船完工量为 6120.5 万 DWT，新接订单为 5845.9 万 DWT，手持订单为 19291.5 万 DWT，造船三大指标第一次全面位居世界第一。②

1985 年中国新船订单份额不足 5%，2015 年新船市场份额超过 40%（见图 8）。

总体看，新中国成立之后特别是近 40 年，中国船舶工业基本形成了具有自主科研、设计、配套能力的船舶工业体系，中国逐渐成为世界造船大国。

---

① 谭晓岚：《中国船舶工业战略转型研究》，人民出版社，2020，第 63 ~ 67 页。

② 刘爱国：《大国造船：惊涛骇浪四十年》，虎嗅网，https://www.huxiu.com/article/278491.html，最后访问日期：2021 年 1 月 12 日。

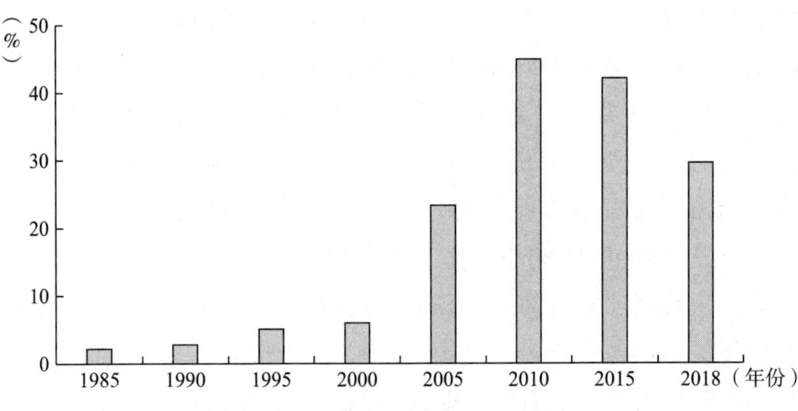

图 8　1985～2018 年中国新船订单占全球份额

资料来源：谭晓岚：《中国船舶工业战略转型研究》，人民出版社，2020，第 62 页。

（二）中国船舶工业的造船产品结构竞争力分析

从中国过去造船完工量规模的快速发展，以及一些高技术船舶的开创性研制交付来看，中国民用船舶和海工装备产品除几种高附加值船舶未实现自主化建造之外，90% 以上的船舶完成了自主化设计和建造。从完工船舶类型看，20 世纪 90 年代能够建造的船型仅 10 多种，2000 年完工船型增加到约 30 种，2010 年完工船型超过 60 种，并保持至今。截至 2018 年，中国不能自主设计和自主建造的船型主要包括豪华邮轮、TLP 生产平台（张力腿平台）、Spar 生产平台（顺应式平台）、FLNG 等超高端产品。

从近 30 年中国造船完工船型前十位来看，1990 年主要船型分布较零散，总量也极少，仅 FPSO（2 艘）的总吨位超过 10 万载重吨，杂货船是建造主力。2000 年，散货船、原油/成品油船、集装箱船异军突起，LPG 船亦完工 7 艘。2010 年，散货船完全领先于其他船型，完工量超过 4000 万载重吨，占中国当年新船完工总量的 65%，占全球当年新船完工总量的 22%；原油船排名中国当年完工总量的第二位，约占 16.6%，不过置于国际市场时，其份额明显下降，仅占全球当年完工总量的 5.6%。在海工装备市场方面，中国主要完工船型是锚作船、挖泥船、拖船、平台供应船、半潜式钻井平台等，中国海工装备完工量占全球海工装备完工总量的18.7%。全球主要完工的海工装备船型包括钻井船、FPSO、半潜式钻井平台、自升式钻井平台、锚作船、供应船和支持船、拖船、挖泥船等。

2018年，散货船完工量仍排名第一，占中国当年完工总量的26.6%。集装箱船异军突起，完工量达到64万TEU，约占全球集装箱船年完工量的48.8%，远超出2010年的18.3%和2000年的5.3%的市场份额。在中国液货船市场方面，2018年原油船完工量占全球原油船完工市场的26%，LPG船和LNG船市场更是较小，中国完工量仅占全球LPG船和LNG船完工市场的12.0%，韩国这一市场份额是65.3%。2018年在海工装备市场方面，中国主要完工船型是铺管起重船、自升式施工船舶、重吊船、平台供应船、海洋支持船、锚作船，海工装备的完工量占全球完工量的41.8%。

根据上述分析可知：2019年中国散货船船型产品仍占据中国和世界主要供给市场，集装箱船出现了跨越式发展，从规模上已经接近世界集装箱船最大供给国韩国，液货船特别是LNG船和LPG船的供给市场份额相比于韩国特别落后。

从全球来看，中国在海工装备供给量规模上已经具备一定优势，特别是在中低端海工装备上具有较大优势，但是在高端海工平台/船型供给能力上明显处于弱势。

（三）中国造船主要供给企业

1. 液货船市场的主要建造企业

2019年，中国液货船供给船厂前十位（以DWT计）分布较广泛（见图9），全年共有69家船厂交付了液货船。中国船舶重工集团、新时代造船、中远海运重工集团、中国船舶工业集团是中国液货船主要建造力量，其中大连船舶重工、新时代造船、中远川崎等船厂的建造份额相对较高，2019年这一比例分别是23%、18%、17%。根据赫芬达尔－赫希曼指数计算，国内液货船建造市场的集中度为 992，CR8 为 73.5%①，总体判断：目前中国液货船建造市场处于低垄断性的不完全竞争状态。

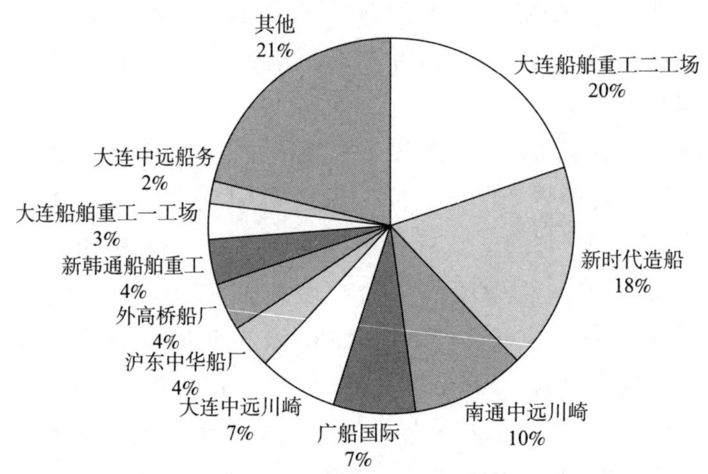

图 9　2019 年中国液货船前十大建造厂（以 DWT 计）

资料来源：谭晓岚：《中国船舶工业战略转型研究》，人民出版社，2020，第 65 页。

2. 散货船市场的主要建造企业

2019 年，中国散货船供给船厂前十位（以 DWT 计）分布广泛（见图 10），共 40 家船厂交付了散货船。吨位量相对集中，主要是外高桥船厂、北海重工、扬子江集团、新时代造船等。前十家船厂的散货船完工份额占全国散货船完工量的 77.4%。根据赫芬达尔-赫希曼指数计算，国内散货船建造市场的集中度为 1004，总体处于低垄断性的不完全竞争状态。

3. 集装箱船市场的主要建造企业

2019 年，中国集装箱船供给船厂前十位（以 TEU 计）分布较为集中，主要是外高桥船厂、江南长兴、扬子江集团、中远海运、金海重工等（见图 11）。前十家船厂的集装箱船完工份额占全

① 作者根据 IHSS 数据库数据资料收集整理。CR8 为八个企业集中率。

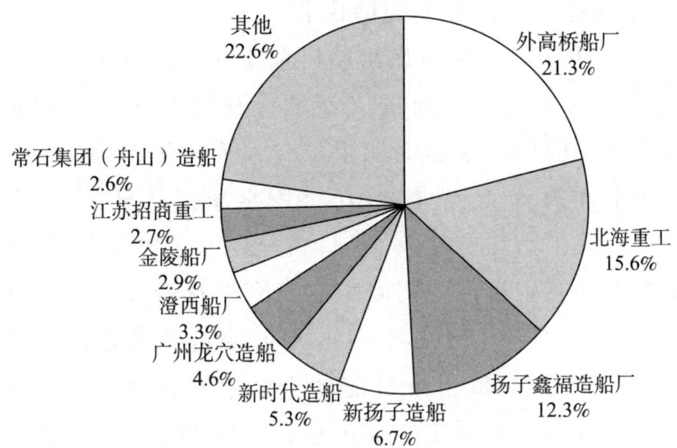

图 10　2019 年中国散货船前十大建造厂（以 DWT 计）

资料来源：谭晓岚：《中国船舶工业战略转型研究》，人民出版社，2020，第 66 页。

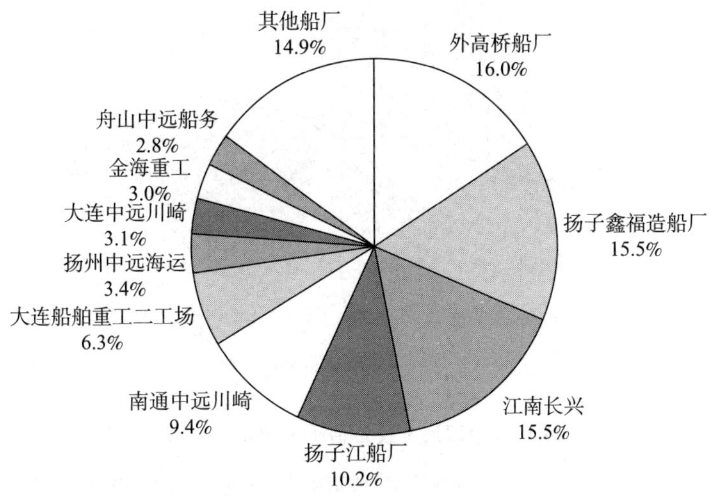

图 11　2019 年中国集装箱船前十大建造厂（以 TEU 计）

资料来源：谭晓岚：《中国船舶工业战略转型研究》，人民出版社，2020，第 67 页。

国集装箱船完工量的 85%。根据赫芬达尔－赫希曼指数计算，2019 年中国集装箱船建造市场的集中度为 1027，中国集装箱船建造市场总体处于低垄断性的不完全竞争状态。

4. 海工装备市场的主要建造企业

2019 年，中国海工装备供给船厂前十位（以 GT 计）分布较为广泛，包括振华重工、招商重工深圳、马尾船厂、广州黄埔造船厂、烟台来福士船厂、大连船舶重工、大连中远海运重工、惠生南通重工、太平洋海洋工程（舟山）、大金重工等船厂（见图 12），前十大船厂的完工市场份额以 GT 计占全国海工装备完工量的 71%，其中振华重工的完工量占中国海工装备完工量的 22%。根据赫芬达尔－赫希曼指数计算，2019 年中国海工装备建造市场的集中度为 851，中国海工装备建造市场目前处于竞争性市场。如果按照贝恩指数计算，该市场属于低集中寡占型，总体判断：中国海工装备建造市场定义为低垄断性的不完全竞争市场比较合适。

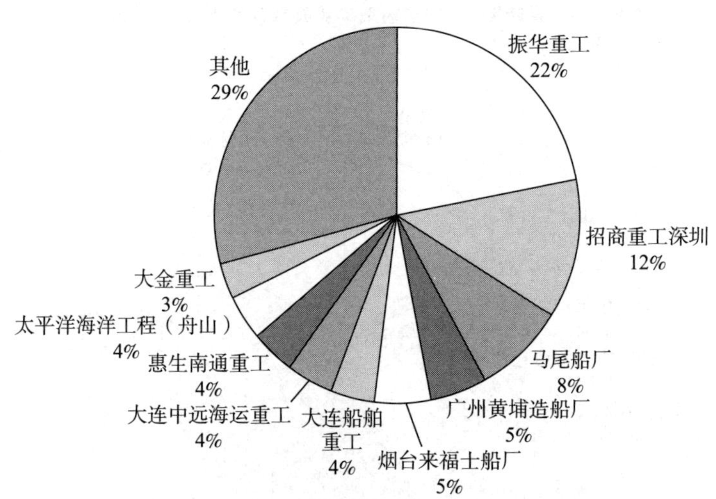

图 12　2019 年中国海工装备前十大建造厂（以 GT 计）

资料来源：谭晓岚：《中国船舶工业战略转型研究》，人民出版社，2020，第 67 页。

5. 中国船舶工业的配套产品结构竞争力分析

全球船舶工业的细化分工，使得船舶配套产业逐渐成为船舶工业的重要组成部分，也是船舶工业链中高附加值产品聚集区，船舶专用配套设备占整船成本的 40% ~60%。中国船舶制造业产能集中在船舶总装环节，该环节主要包括船舶建造设计、船舶结构焊接、设备的安装与调试等低附加值生产。船舶配套产品又分为专用设备和通用设备，专用设备主要有主机、各种机舱、甲板机械设备和通讯导航设备等近150余种[①]，占整船成本的40%~60%。通用设备材料有各种船用钢材、船漆、主机润滑油等数百种材料，占整船成本的15%~20%。在船舶专用设备中，主机是核心设备之一；船舶通用设备包括船舶辅机、船舶电气系统、船舶通讯导航设备、船舶消防救生设备和船舶甲板机械等。

随着亚洲造船业的崛起，亚洲国家船用设备也有了长足的发展，但日本大部分、韩国部分、中国大部分的船用设备制造技术是从欧洲引进的。欧洲国家收取了高额技术转让和专利费，目前与世界船舶配套的一流产品和品牌仍大多集中在欧洲。

分产品来看，一是雷达及无线电导航设备零件占据中国进口/出口产品第一的位置，但综合来看雷达导航产品贸易逆差明显；二是船舶用柴油机贸易逆差最大，主机仍是中国船舶配套行业的短板，表明中国船配出口产品的附加值亟待提高。综上所述，中国船舶通讯导航、电气及自动化、舱室机械、动力系统及装置的国产化率仍有巨大提升空间。

（1）中国船用柴油机生产能力

在船舶主机生产能力上，中国船用柴油机企业通过引进、消化、吸收、创新的途径，基本上具备了全系列船用柴油机的生产能力。中船集团全力推进船用低速机品牌的自主化，2016年瓦锡兰的二冲程低速机WinGD品牌被中船集团完全收购。[②]

（2）中国船用甲板机械具有较强的自主能力

中国在甲板机械领域具备较强研发和生产能力，2014年市场占有率突破70%，其中锚铰机国产装配率较高，达到80%（见图13）。目前国内自主品牌谱系逐渐完善：锚铰机方面已完成7万吨级、11万吨级、18万吨级、4250TEU、30万吨级、38万吨级等6

---

① 谭晓岚：《中国船舶工业战略转型研究》，人民出版社，2020，第68页。

② 谭晓岚：《中国船舶工业战略转型研究》，人民出版社，2020，第68~69页。

个系列的配套产品；吊机方面形成 30 ~ 55 吨船用系列；拖缆机方面研发了 60 ~ 350 吨级产品；舵机也被应用于 10. 8 万吨油船、30 万吨 VLCC、16. 3 万吨油船等多个大型船型。从配套商来看，两大船舶集团、民营、中外合资领域，均涌现出一批具备一定市场影响力的公司。

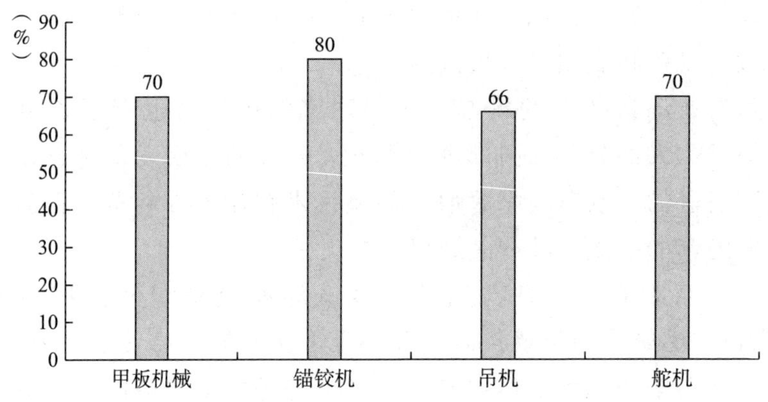

图 13　船用甲板机械的国产装配率

资料来源：谭晓岚：《中国船舶工业战略转型研究》，人民出版社，2020，第 69 页。

（3）中国船用压载水系统研发处于全球领先水平

在压载水处理系统方面，中国通过研发把握住市场先机，目前全球获得国际海事组织（IMO）型式认可的产品共 73 种，主要分布在中国、挪威、日本、韩国、德国，其中中国拥有 17 种，其市场占有率如图 14 所示。

（4）中国基本船用材料自主，复合材料有很大发展空间

在船用材料领域，钢材是船舶建造中最主要的原材料，特种钢性能在持续优化。中国造船用钢板一般由武钢、马钢、上钢一厂、上钢三厂、太钢和昆钢等提供。在特种材料领域，中国船用钛合金技术已实现突破。2016 年中国高温钛铝合金材料取得重大突破，使用寿命高出美国高温钛铝合金材料 1 ~ 2 个数量级，但是中国船舶用钛量偏低，总用钛量比例不足 1%，而俄罗斯的船舶用钛量达到 18%。中国船用非金属复合材料尚有较大追赶空间，比如在玻璃钢用增强材料方面，中国与世界工业发达国家在产品技术水平、规格、品种、质量等方面

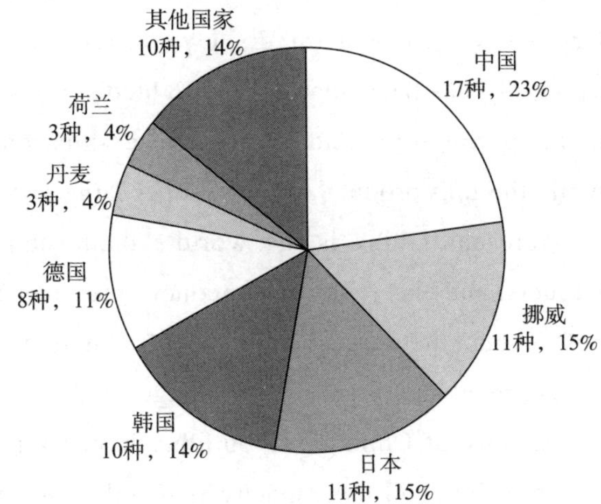

图 14 IMO 认可的压载水系统全球主要国家市场占有率

资料来源：谭晓岚：《中国船舶工业战略转型研究》，人民出版社，2020，第 70 页。

相比都存在较大差距；船用高性能纤维材料如芳纶纤维、碳纤维材料等仍依靠进口，树脂产能也明显落后。因此中国在船舶复合材料技术和应用技术的开发领域均有很大发展空间。

Research on the Causes of Strategic Transformation of China's Shipbuilding Industry Based on the Supply Side

Tan Xiaolan

(*Shandong Academy of Marine Economics and Culturology, Qingdao, Shandong, 266071, P. R. China*)

Abstract: There are many kinds of civil ships and marine equipment products in the world. The supply capacity of different product categories is mainly expressed as the products that enterprises are willing and able to provide. The ability of an enterprise to provide and receive ship orders reflects its overall supply capacity. In recent years, the scale of global new ship orders has shown a sharp downward trend, and the risk of excess capacity supply has been sharply highlighted. In terms of product value distribution, special ships and luxury cruise ships are high value-added ships, while the unit product value of super large container ships is obviously low at present. China is the world's main supply market of bulk carrier products, and the scale of container ships has been close to the Republic of Korea, the largest supplier of container ships in the world. Marine equipment has a strong advantage in the low-end marine equipment. The capacity of China's shipbuilding industry is concentrated in the final assembly link, and the capacity is mainly concentrated in the low value-added production link. The overall self supporting capacity is not strong, and the industrial development needs strategic transformation.

Keywords: Chinese Ships; Ship Building Factory; Order for New Ships; Marine Engineering Equipment; Civil Ship

（责任编辑：孙吉亭）

创建综合性国家科学中心视角下的海洋新兴产业培育研究*

李大海　朱文东　韩立民**

摘　要： 发挥山东省、青岛市海洋科技优势，创建海洋特色综合性国家科学中心，统筹整合全省海洋科技创新力量，围绕重点科技创新方向，大力培育海洋新兴产业，可以增强海洋经济发展新动能。借鉴中国在建的四大综合性国家科学中心规划和培育相关高技术产业的经验，山东省应推动创建青岛综合性国家科学中心，并打造深海高端仪器研发制造、海洋生物医药、海洋大数据、深蓝渔业、海洋工程装备制造、海洋新材料六大海洋新兴产业，建设以海洋科教园和海洋新兴产业园为主体的海洋科学城，在组织领导、投融资机制、人才服务、“双招双引”、发展保障等方面加大支持力度。

关键词： 海洋新兴产业　综合性国家科学中心　海洋生物医药　海洋大数据　深蓝渔业

---

* 本文为山东省哲学社会科学规划项目“山东省建设海洋综合性国家科学中心研究”（项目编号：19CHYJ09）的阶段性成果。

** 李大海（1978～），男，博士，教育部人文社会科学重点研究基地中国海洋大学海洋发展研究院研究员，主要研究领域为海洋经济、科技管理。朱文东（1994～），男，中国海洋大学管理学院博士研究生，主要研究领域为海洋经济、海洋产业管理。韩立民（1960～），男，博士，中国海洋大学管理学院教授、海洋发展研究院副院长，博士研究生导师，主要研究领域为农业经济、海洋经济。

山东省海洋区位、资源、环境条件优越，海洋经济发展的潜力巨大。2017 年，山东省第十一次党代会明确提出加快海洋经济强省建设的总体目标，将海洋经济列为全省新旧动能转换重大工程之一。“十二五”以来，山东省海洋经济保持了较快发展，但也面临带动力减弱、产业升级缓慢、资源开发效率低等现实问题。海洋科技创新体系对海洋产业转型升级的支撑能力不足，已在较大程度上制约了山东省海洋经济高质量发展。

综合性国家科学中心是中国为加快提升原始创新能力，促进基础研究与应用研究融合创新发展而设立的综合性科学研究载体。2016 年起，中国已先后批复成立了上海张江、安徽合肥、北京怀柔、广东深圳 4 个综合性国家科学中心。山东省和青岛市在“十四五”规划中均提出综合性国家科学中心建设任务。发挥山东省、青岛市海洋科技优势，规划建设综合性国家科学中心，依托大科学装置和创新载体，结合重点科技创新方向，促进科技成果产业化，培育相关海洋新兴产业，可成为培育海洋经济发展新动能的重要路径。

一　山东省海洋科技支撑海洋产业发展的现状和问题

山东省是中国海洋科技资源配置最为集中的区域，拥有国家驻鲁及省属海洋科研、教学机构近 60 家，海洋领域的中国科学院、中国工程院院士 20 余人，以及全国 1/3 左右的海洋高层次科技人才，① 建立了青岛海洋科学与技术试点国家实验室、中国科学院海洋大科学研究中心、国家深海基地等海洋特色科技创新平台，拥有中国海洋大学、山东大学、中国石油大学（华东）等涉海高校 9 所，以及中国科学院海洋研究所、自然资源部第一海洋研究所、中国水产科学研究院黄海水产研究所、中国地质调查局青岛海洋地质

① 李大海、韩立民：《青岛市海洋战略性新兴产业发展研究》，《海洋开发与管理》2016 年第 11 期。

研究所等多家优势突出的国家级海洋科研机构，海洋科技创新能力稳居全国首位。但是，海洋科技资源“碎片化”、科技活动与产业发展分离的问题始终未得到解决。一是海洋科技创新导向不明确。山东海洋科技创新主体多为国家驻鲁科研机构，研发导向以国家海洋科技创新需求为主，大多集中在海洋基础研究领域，而且主要集中于海洋生物、海洋地质、海洋化学等学科，应用型技术开发人才以及复合型管理人才匮乏，产业科技领军人才数量偏少，科技成果转化率相对较低，① 地方经济发展急需的应用型技术研发与产业化技术创新明显不足。二是海洋科技创新资源配置失衡。现行隶属于国家部委和地方的条块分割的管理体制导致了海洋科技创新资源“碎片化”，缺乏纵向联合和横向协同创新，难以形成全省海洋科技创新合力和集成创新优势。科技创新资源配置以行政主导为主，市场配置缺失，产学研分割，各类涉海科研机构各自为战，亟待建立协同发展的区域海洋科技创新机制。三是海洋科技区域优势相对下降。随着广东、浙江、福建等省对海洋人才引进力度的加大，山东省内涉海人才和科技创新成果有流失的苗头。

建设海洋特色综合性国家科学中心是解决海洋科技资源“碎片化”和科研与产业分离两大痼疾的有效手段。一方面，在海洋科技资源最集中的青岛市建设综合性国家科学中心，以海洋国家实验室为龙头，以涉海重大科技基础设施建设为牵引，以政策支持和体制机制创新为纽带，吸引和集聚隶属于各个部委的涉海科研单位和大学，在综合性国家科学中心范围内建设（或虚拟设置）创新载体，共建共有共用涉海重大科技基础设施，联合申报和实施海洋重大科技专项，发起国际海洋大科学计划，实现对全省主要海洋科技资源的统筹和整合。另一方面，依托涉海重大科技基础设施，结合综合性国家科学中心重点创新方向的科技成果，促进创新链与产业链深度融合，建设海洋新兴产业园，培育海洋新兴产业集群，打造培育

① 张舒平：《山东海洋经济发展四十年：成就、经验、问题与对策》，《山东社会科学》2020 年第 7 期。

海洋经济发展新动能的核心区。

二　综合性国家科学中心带动新兴产业培育的经验借鉴

2016 年以来，四个综合性国家科学中心在建设过程中，根据各自定位、目标和任务，在学科布局、大科学装置建设和体制机制创新方面均开展了有益的探索，在建设综合性国家科学中心的同时，也都结合中心重点创新方向，开展了相关新兴高技术产业培育，并取得了一定成效。

（一）上海张江综合性国家科学中心

上海张江综合性国家科学中心是中国最早筹建和最早批复的综合性国家科学中心。根据《国务院关于印发上海系统推进全面创新改革试验加快建设具有全球影响力科技创新中心方案的通知》要求，2016 年 4 月，上海市委、市政府成立了张江综合性国家科学中心建设推进小组。其定位为全球规模最大、种类最全、综合能力最强的光子大科学设施集聚地，建设上海光源二期、蛋白质科学设施、软 X 射线自由电子激光、转化医学等国家重大科技基础设施。在此基础上，上海市还将张江综合性国家科学中心建设与张江国家自主创新示范区建设相结合，开展财税、人才、科技金融、成果转化等方面的改革创新和先行先试，打造高新技术产业和战略性新兴产业集聚发展的示范区。①

（二）安徽合肥综合性国家科学中心

2017 年 9 月，安徽省委、省政府和中科院共同印发《合肥综合

① 《国务院关于印发上海系统推进全面创新改革试验加快建设具有全球影响力科技创新中心方案的通知》，中国政府网，2016 年 4 月 15 日，http://www.gov.cn/zhengce/content/2016-04/15/content_5064434.htm，最后访问日期：2021 年 5 月 1 日。

性国家科学中心实施方案（2017—2020年）》，提出“代表国家水平、体现国家意志、承载国家使命的国家创新平台”的建设目标，以及创建国家实验室、建设重大科技基础设施集群、布局前沿交叉创新平台和产业创新转化平台、建设“双一流”大学和学科等任务。① 目前，合肥综合性国家科学中心以量子信息科学为基石，依托稳态强磁场、全超导托卡马克、同步辐射等已有大科学装置，新建大气环境立体探测实验研究、合肥先进光源、聚变堆主机关键系统综合研究等设施，加快建设中国科技大学先进技术研究院等产业创新转化平台，规划在量子信息、核能利用、新材料等方面培育一批战略性新兴产业，打造全链条创新体系。

（三）北京怀柔综合性国家科学中心

2017年5月，国家发展改革委、科技部批复了《北京怀柔综合性国家科学中心建设方案》。该中心规划建设了地球系统数值模拟装置、综合极端条件实验装置两大国家重大科技基础设施，以及清洁能源材料测试诊断与研发平台、材料基因组研究平台、先进光源技术研发与测试平台、空间科学卫星系列及有效载荷研制测试保障平台、先进载运和测量技术综合实验平台等五大交叉研究平台。围绕中心建设，北京市已经规划建设了怀柔科学城，并在科学城南部规划建设了12平方公里的科研转化区，用于科研院所成果转化和创新型企业培育。

（四）广东深圳综合性国家科学中心

2019年8月，《中共中央　国务院关于支持深圳建设中国特色社会主义先行示范区的意见》正式公布，明确提出以深圳为主阵地建设综合性国家科学中心。支持深圳在网络、通信、人工智能、生

① 《合肥综合性国家科学中心构建“2 + 8 + N + 3”创新框架体系》，凤凰网，2017年9月13日，http://ah.ifeng.com/a/20170913/5992856_0.shtml，最后访问日期：2021年5月1日。

物医药等方面建设科技创新载体，建设医学科学院和科技信息中心，并在高性能医疗、通信等领域启动创新中心建设。强化应用基础研究和关键技术攻关，提高产业安全水平。[①] 在四大综合性国家科学中心中，深圳的定位与产业结合最为紧密，是唯一一个以产业化为主要创新方向的综合性国家科学中心。

综上，四个在建综合性国家科学中心均将新兴高技术产业培育作为中心建设的重要方面，主要具有以下特点。一是产业培育与各个中心科技创新方向高度一致，科技成果产业化是产业培育的主要路径。二是注重发挥重大科技基础设施优势，一个装置支撑一个学科领域、带动若干产业集群的特征突出。三是突出空间集聚效应，四个综合性国家科学中心均规划建设了高技术产业园，以集聚发展来构建产业生态、提高发展效率。四是将人才作为第一资源，不仅规划建设了科学城，而且在居住、教育、医疗、环境等方面出台了配套政策，提升对人才的吸引力。

三　创建青岛综合性国家科学中心

2020 年 12 月发布的《中共青岛市委关于制定青岛市国民经济和社会发展第十四个五年规划和二〇三五年远景目标的建议》，提出将建设海洋科学城、创建综合性国家科学中心作为重要任务，并规划建设大科学装置群和创新平台。[②] 将创建海洋特色综合性国家科学中心作为重要发展目标。发挥青岛市的学科、载体、人才优势，创建综合性国家科学中心，是新发展阶段山东海洋科技再上新

① 《中共中央　国务院关于支持深圳建设中国特色社会主义先行示范区的意见》，新华网，2019 年 8 月 9 日，http://www.xinhuanet.com/politics/2019-08/18/c_1124890303.htm，最后访问日期：2021 年 5 月 1 日。

② 《中共青岛市委关于制定青岛市国民经济和社会发展第十四个五年规划和二〇三五年远景目标的建议》，青岛政务网，2020 年 12 月 31 日，http://www.qingdao.gov.cn/n172/n68422/n68423/n31285950/201231150158061246.html，最后访问日期：2021 年 5 月 1 日。

台阶的重要措施，也是培育海洋产业新动能的有效手段。

青岛综合性国家科学中心的发展定位是以海洋为主要研究对象和根本特色的综合性国家科学中心。该中心以海洋国家实验室为核心，以世界一流海洋大科学装置为基础，以海洋科学创新平台和产业转化平台为动力，以新型海洋科学城为空间载体，打造世界一流的海洋科学研究基地和成果转化基地。

四　依托综合性国家科学中心培育海洋新兴产业

作为海洋强省和全球海洋中心城市建设的科技支点，综合性国家科学中心的一个重要使命就是引领支撑海洋产业新动能培育。山东作为中国重要的海洋科技大省，海洋科技成果转化一直存在明显的瓶颈。海洋科技对海洋经济的拉动力不明显，已经成为全省海洋经济高质量发展需要解决的重大问题。以海洋特色综合性国家科学中心科技创新为源头，建立符合市场需求的海洋科技成果转化体系，培育海洋新兴产业集群，加强城市空间功能建设，打造科产城融合的海洋科学城①，应当成为综合性国家科学中心建设的重点任务。

（一）培育海洋新兴产业

2020 年 12 月发布的《中共山东省委关于制定山东省国民经济和社会发展第十四个五年规划和二〇三五年远景目标的建议》，提出培育全球领先的海工基地、开发“蓝色药库”、建设高水平的“海上粮仓”、打造全国重要的海水利用基地等目标任务。② 因此，

① 魏素敏、顾玲琍：《上海张江示范区创新发展的借鉴与思考》，《科技中国》2019 年第 6 期。

② 中共山东省委：《中共山东省委关于制定山东省国民经济和社会发展第十四个五年规划和二〇三五年远景目标的建议》，《大众日报》2020 年 12 月 5 日，第 2 版。

山东省海洋新兴产业培育重点是海洋高端装备制造、深远海渔业、海洋生物医药和海水利用业。基于统筹综合性国家科学中心科技创新重点与产业发展重点的原则，确定青岛综合性国家科学中心应重点培育如下的海洋新兴产业。

1. 深海高端仪器研发制造

以水下声学通信、定位及探测技术，以及海洋环境高精度感知技术、水下能源技术、水下目标搜寻探测技术等高技术产业化为主攻方向，加大对国内外创新型企业、高端人才的招引力度。重点引进大深度载人潜水器、自治式水下机器人、有缆水下机器人、水下滑翔机、智能浮标、各类海洋物理化学传感器等具有广阔市场前景的产品研发和生产企业，形成涵盖海洋观测、深海探测、深海资源开发等多个领域的产业链条。

2. 海洋生物医药

以海洋候选药物的规范化成药性与功效评价集成技术、海洋药物先导化合物发现技术、新型药物靶标的发现和验证集成技术、新药的高通量和高内涵筛选技术以及海洋药物大规模产业化制备技术等高技术产业化为主攻方向，加大对相关医药企业的招引力度，加大对海洋生物医药企业的培育力度。研发和上市一批靶点明确、结构新颖、活性多样的针对重大疾病的海洋特色药物，产出一批具有自主知识产权、市场前景广阔、健康安全的海洋创新药物，形成涵盖海洋药物及设备研发、医用材料及医疗器械开发、海洋生物制剂研发等多个领域的海洋生物医药产业集群。

3. 海洋大数据

依托青岛海洋科学与技术试点国家实验室 E 级超算平台，以边缘计算、移动计算、云计算、融合计算、众核计算、智能计算、可视计算等核心关键技术产业化为重点，推动大数据处理以及与人工智能相关的硬件、软件、算法等技术的产业化，培育和引进一批具有较强实力的创新型企业，培育一批具有突出技术优势的创业型小微企业，形成涵盖智能制造、智慧海洋、智慧城市、健康医疗等多个领域的、相对完整的大数据产业集群，基本实现大数据产业化应用。

4. 深蓝渔业

以深远海工业化养殖和安全保障技术、南极磷虾整船装备研发和捕捞加工技术、水产品精深加工和冷链物流运输技术、极地渔业资源探测和高效捕捞技术等高技术产业化为主攻方向，引进国内知名渔业企业，鼓励其将相关高端装备研发、精深加工等生产环节布局于青岛。开发深远海养殖工船整船装备、深水抗风浪网箱养殖装备、南极磷虾船整船装备、远洋渔业资源精深加工仓储和冷链运输装备、极地渔业综合探测和捕捞加工装备等一批绿色高效渔业新技术，形成涵盖深远海养殖、水产品精深加工、远洋渔业智能装备制造、南极磷虾开发、海洋药物研发、深远海旅游、物流运输等多个领域的深蓝渔业产业链。

5. 海洋工程装备制造

依托青岛综合性国家科学中心的海洋装备技术基础，结合中国深水油气和深海金属矿产资源开发力度加大的趋势，重点引进海洋油气资源高效勘探、海上钻井平台总体设计建造、旋转导向钻探、浮式生产储卸油、深水锚系泊等相关高技术企业，逐步形成自升式钻井平台、半潜式钻井平台、钻井船、浮式生产储卸油装置等高端装备研发设计能力，形成涵盖海洋油气勘探、开采、存储、运输等领域的海洋资源开发、高端装备制造服务业链条，打造全国重要的海洋工程装备研发设计基地。

6. 海洋新材料

结合深海、极区海洋等极端环境下海洋活动对相关材料的需求，以复杂海况下的耐压耐腐蚀材料、海洋新型防护材料等高技术产业化为主攻方向，加大相关高技术企业引进和培育力度，为深海探测航行器、采样器等开发具有完全自主知识产权的海洋先进新材料，形成“材料基础研究—工业化生产—工程化应用”的产业链条，生产研发的新材料广泛应用于海洋技术装备、跨海大桥、港口码头、海底隧道、海洋平台、海洋能开发等多个产业领域。

（二）建设海洋科学城

发挥青岛综合性国家科学中心的科技人才优势、科研成果积累优势、重大科学平台优势和大科学设施支撑优势，规划建设海洋科教园和海洋新兴产业园，进一步推动科技创新与经济新旧动能转换、海洋经济高质量发展结合，立足自身优势整合全球优质要素资源，聚焦重点领域、重点产业、重点企业，加快形成创新要素聚集、产业聚集和人才聚集，以海洋科技创新平台建设和产业培育带动形成滨海新城，以及科产城融合发展的、相互促进的良性发展格局。形成以蓝色硅谷核心区为主体的青岛海洋科学城，将其作为青岛综合性国家科学中心及关联海洋高技术产业的空间载体，重点搞好“1 +4”核心园区建设。

1. 海洋科教园

在青岛蓝色硅谷核心区规划建设海洋科教园。围绕科技创新需求，以“人与科技、自然和谐共生”为建设理念，充分借鉴国内外海洋优势机构基础建设的特点，着力打造具备常规综合型的功能空间、高效有弹性的实验空间、高度智能化的科研设施等功能要素的配套设施，以及和谐相依存的人文景观、丰富多元化的文化内涵等形象要素的配套设施。重点推进青岛海洋科学与技术试点国家实验室建设，采取与合作单位共建或独立选址自建等方式，加快推进其他大学科研机构建设，尽快形成集聚化、系统化的科技创新能力。确保园区功能布局科学合理、科研硬件条件优良、辅助设施运转良好，建设海洋科技开放、协同创新的空间载体。

2. 海洋新兴产业园

在青岛蓝色硅谷核心区海洋科教园周边规划建设四大海洋新兴产业园。一是深蓝渔业产业园。构建形成以深远海养殖、南极磷虾开发利用、智能渔业装备制造、极地资源探捕等为主的深蓝渔业产业体系，形成完整的深蓝渔业产业创新链。二是海洋工程装备产业园。包括总装设计、功能模块、核心设备三大创新板块，开展谱系化水下滑翔机、深海立体环境实时监测潜标、波浪能航行器、全海深相机、光纤水听器、海底自动取样器等海洋高端装备研发生产，形成高技术产业集群。三是蓝色药物产业园。开展海洋小分子药物、多肽药物、功能制品、医用材料、医疗器械及设备等技术研发，形成以研发产业区和中小企业聚集区为骨架，以海洋药物药理、药效、毒理、安全评价、产业物流等聚集专业企业的产业服务区为支撑的产业功能布局架构，带动海洋药物及设备开发、医用材料及医疗器械、物流运输等相关产业发展。四是海洋大数据产业园。主要由科研平台、企业平台、成果孵化平台和国际交流平台四大板块组成，重点支撑智慧海洋、智慧生活、健康医疗、智能制造、智慧教育、智慧能源、智慧城市等特色产业，构建更加完善的大数据产业链。

五　推进措施

（一）加强组织领导

由山东省政府牵头，青岛市政府协同驻鲁高校、科研机构参与，组建青岛综合性国家科学中心筹建委员会，负责海洋综合性国家科学中心筹建及配套产业培育各项工作。

（二）加大投融资支持力度

一是山东省建立的蓝色经济区产业投资基金向综合性国家科学中心建设倾斜，重点支持配套孵化器和产业园区建设。二是由青岛市在蓝色硅谷区域设立融资担保资金，可由市属国企发起并牵头，引导社会资金加入，主要功能是为海洋高技术产业融资提供增信扶持。三是蓝色硅谷管理局可为在蓝色硅谷区域内重点扶持的高技术企业和处于初创期的科技型小微企业提供办公用房租赁补助。四是鼓励青岛海洋科学与技术试点国家实验室等海洋科研机构牵头建设海洋高技术产业园，蓝色硅谷管理局可对园区基础设施建设以及引进的海洋生物医药、海洋新材料、海洋高端装备等新兴产业项目，按照银行实际贷款额度给予贴息。

（三）提升人才服务水平

围绕人才住房、医疗、子女入学等实际问题，加强配套制度建设。一是进一步完善人才评价机制。除院士、“长江学者”等高层次科研人才外，扩大前阶段“以薪定才”、高技能人才认定试点范围，进一步优化人才结构。二是加大产权型、租赁型人才公寓建设力度。三是提升高层次人才服务能力。借鉴部分地区实行的“人才管家”制度，提供“一对一”服务，对新引进的高端人才和急需的紧缺人才，在安家补贴、周转房安置等方面给予支持，在落户、配偶安置、子女教育、医疗、社会保障、办理出入境手续等方面提供便利。

（四）强化“双招双引”

一是针对海洋新兴产业特点，制定“双招双引”专项激励办法，出台项目引进奖励政策。实施项目引进责任人制度，对引进项目的机构或个人实施经济奖励。二是结合综合性国家科学中心建设，依托引进的大学科研机构和高技术企业，利用其社会影响和经济关联引进海洋高技术产业项目。三是鼓励驻鲁大学科研院所的研究人员创办高技术企业，协调有关单位出台支持创业的政策，特别是做好在职（离岗）创业的“出口”“入口”机制保障，解除科研人员创业的后顾之忧。

（五）强化发展保障

科学评估青岛综合性国家科学中心建设的土地、海域使用需求，规划预留充足发展空间，在基础设施建设、市政配套等方面予以优先保障。已建涉海大型科研设施可按需纳入青岛海洋科学与技术试点国家实验室等科研机构管理。需新建和改建的，由相关科研单位提出建议后纳入相关规划实施。加快产权型、租赁型人才公寓建设。

Research on the Cultivation of Marine Emerging Industries from the Perspective of Building a Comprehensive National Science Center

Li Dahai[1], *Zhu Wendong*[2], *Han Limin*[1,2]

(1. *Marine Development Studies Institute, Ocean University of China, Qingdao, Shandong, 266100, P. R. China*; 2. *College of Management, Ocean University of China, Qingdao, Shandong, 266100, P. R. China*)

Abstract: By giving full play to the advantages of Marine science and technology of Shandong Province and Qingdao City, establishing a comprehensive national science center with Marine characteristics, integrating Marine science and technology innovation forces of the whole province, and vigorously cultivating Marine emerging industries centering on key scientific and technological innovation directions, we can strengthen the new driving force of Marine economic development. Reference to our country in four big comprehensive national center for science in the high technology industry experience, and cultivate the planning of Shandong Province should push to create a Qingdao comprehensive national science center, and make six Marine emerging industries, including deep sea research and development of high-end equipment manufacturing, Marine biomedicine, ocean big data, deep blue fishery, Marine engineering equipment manufacturing, Marine new material, build a Marine science city with Marine science park and Marine industrial park as the main body, in terms of organization and leadership, investment and financing mechanism, talent service, " double double guide", development guarantee intensify policy support.

Keywords: Marine Emerging Industry; Comprehensive National Science Center; Marine Biomedicine; Ocean Big Data; Deep Blue Fishery

（责任编辑：孙吉亭）

中国沿海地区健康产业 PEST 分析及对策

董争辉*

摘　要　中国沿海地区人口众多，经济发展快，人民生活水平高，具有发展健康产业的良好基础。本文运用 PEST 分析法进行分析，在政治环境方面，介绍和分析了沿海地区健康发展规划；在经济环境方面，分析了中国海洋经济发展现状，以及人民生活质量不断提高的情况；在社会环境方面，分析了沿海地区常住人口情况、人口老龄化情况和亚健康情况；在技术环境方面，通过案例说明了许多海洋健康产品生产技术已经高水平地研发出来，并且成功产业化，较好地推动了政产学研用协同创新。

关键词　PEST 分析法　健康产业　常住人口　人口老龄化　亚健康

健康产业“即是与健康存在内在联系的制造与服务产业总称”①，

---

* 董争辉（1963～），女，青岛阜外心血管病医院副主任医师，主要研究领域为医学、健康学。

① 董立晓：《威海市文登区健康产业发展战略研究》，硕士学位论文，山东财经大学，2015。

其被视为继IT产业之后的未来“第五波财富”。比尔·盖茨认为，健康产业是“未来能超越信息产业的重点产业”。[①] 健康产业是新兴产业，是朝阳产业，发展健康产业对于提高人民的健康水平有着较强的现实意义。加强对健康产业发展规律的研究，可使健康产业更加有序地发展。

中国沿海地区经济发展快，人民生活水平高，而且人口众多。根据2019年人口统计公报，广东省和山东省是中国人口最多的两个省份。[②] 因此推动沿海地区人民生活向更健康的高层次发展，是实现“健康中国2030”宏伟目标的有力抓手。

PEST是指政治（Politics）、经济（Economy）、社会（Society）、技术（Technology）。这是一种基于上述四个方面的宏观环境分析。运用PEST分析法对健康产业发展的基础进行分析，便于更清楚地了解健康产业发展的“家底”，发挥优势，补齐短板，找准着力点，促进其高质量发展。

一　政治环境

中国经济特区诞生于20世纪70年代末80年代初，最早在沿海地区设立了深圳、珠海、汕头和厦门4个经济特区。中共中央、国务院于1984年决定进一步开放天津、上海、大连、秦皇岛、烟台、青岛、连云港、南通、宁波、温州、福州、广州、湛江和北海14个沿海港口城市，并提出逐步兴办经济技术开发区的伟大构想。因此沿海地区成为中国进行改革开放的前沿阵地。改革开放40多年来，沿海地区发展速度非常迅猛，其中一个重要原因就是得益于连续不断的改革开放的政策支持。例如，近年来先后有多个国家战略和政

① 戎良：《海洋健康产业：舟山需做大做强的优势产业》，《浙江经济》2014年第15期。

② 《2019年全国人口统计结果，广东、山东总人口过亿》，腾讯网，https://new.qq.com/rain/a/20210102A04O6H00，最后访问日期：2021年2月28日。

策落户山东省（见表 1）。

表 1　落户山东省的国家战略和政策（不完全统计）

时间	内　容
2009 年 11 月	国务院正式批复《黄河三角洲高效生态经济区发展规划》
2011 年 1 月	国务院正式批复《山东半岛蓝色经济区发展规划》
2014 年 6 月	国务院批复同意设立青岛西海岸新区
2016 年 4 月	国务院正式批复《关于支持山东半岛国家高新区建设国家自主创新示范区的请示》（国科发高〔2016〕53 号），同意设立山东半岛国家自主创新示范区
2018 年 1 月	国务院正式批复《山东新旧动能转换综合试验区建设总体方案》，同意设立山东新旧动能转换综合试验区
2018 年 5 月	商务部正式复函，支持青岛创建全国首个"中国/上海合作组织地方经贸合作示范区"
2019 年 8 月	《国务院关于印发 6 个新设自由贸易试验区总体方案的通知》印发实施，中国（山东）自由贸易试验区正式设立

资料来源：《国务院正式批复〈黄河三角洲高效生态经济区发展规划〉》，中国政府网，http://www.gov.cn/jrzg/2009-12/03/content_1479779.htm，最后访问日期：2021 年 2 月 28 日；《山东半岛蓝色经济区建设正式上升为国家战略》，中国政府网，http://www.gov.cn/jrzg/2011-01/07/content_1779792.htm，最后访问日期：2021 年 2 月 28 日；《国务院关于同意设立青岛西海岸新区的批复》，中国政府网，http://www.gov.cn/zhengce/content/2014-06/09/content_8870.htm，最后访问日期：2021 年 2 月 28 日；《国务院关于同意山东半岛国家高新区建设国家自主创新示范区的批复》，中国政府网，http://www.gov.cn/zhengce/content/2016-04/11/content_5062975.htm，最后访问日期：2021 年 2 月 28 日；《国务院关于山东新旧动能转换综合试验区建设总体方案的批复》，中国政府网，http://www.gov.cn/zhengce/content/2018-01/10/content_5255214.htm，最后访问日期：2021 年 2 月 28 日；《青岛获批中国/上合组织地方经贸合作示范区》，新华网，http://www.xinhuanet.com/world/2018-05/11/c_129869570.htm，最后访问日期：2021 年 2 月 28 日；《国务院关于印发 6 个新设自由贸易试验区总体方案的通知》，中国政府网，http://www.gov.cn/zhengce/content/2019-08/26/content_5424522.htm，最后访问日期：2021 年 2 月 28 日。

一系列的改革开放与区域发展政策，推动了中国沿海地区向更高质量发展，也推动了沿海地区人民生活向更健康、更美好、更高层次发展。

党的十八大以来，习近平总书记从增进人民福祉的高度，就人民健康安全做出"完善国民健康政策，为人民群众提供全方位全周期健康服务”等一系列重要指示[①]，为深化民生建设、推动人民健康事业发展指明了方向。2019 年 6 月 24 日，中共中央、国务院发布《“健康中国 2030”规划纲要》，提出到 2022 年，健康促进政策体系基本建立，全民健康素养水平稳步提高，健康生活方式加快推广，重大慢性病发病率上升趋势得到遏制，重点传染病、严重精神障碍、地方病、职业病得到有效防控，致残和死亡风险逐步降低，重点人群健康状况显著改善；到 2030 年，全民健康素养水平大幅提升，健康生活方式基本普及，居民主要健康影响因素得到有效控制，因重大慢性病导致的过早死亡率明显降低，人均健康预期寿命得到较大提高，居民主要健康指标水平进入高收入国家行列，健康公平基本实现。[②] 沿海各地也都纷纷出台各自的健康发展战略目标、规划任务和实施步骤。这一系列的健康发展战略，成为沿海地区促进健康事业发展的纲领性与政策性文件。

（一）辽宁省

2019 年 12 月 4 日，辽宁省发布了《辽宁省人民政府关于印发健康辽宁行动实施方案的通知》，在文件中提出：“全省居民主要健康指标到 2022 年位居全国前列，到 2030 年达到高收入国家水平。”[③] 并且从全方位干预健康影响因素、维护全生命周期健康、防控重大疾病、优化健康服务等四个方面，提出关于健康辽宁行动实

---

① 《保障人民健康安全，习近平总书记这样说》，新华网，http://www.xinhuanet.com/politics/2018-08/18/c_1123290549.htm，最后访问日期：2020 年 11 月 12 日。

② 《“健康中国”:2030 年居民健康指标进入高收入国家行列》，百家号，https://baijiahao.baidu.com/s?id=1639118513465845013&wfr=spider&for=pc，最后访问日期：2021 年 1 月 7 日。

③ 《辽宁省人民政府关于印发健康辽宁行动实施方案的通知》，辽宁省人民政府网，http://www.ln.gov.cn/zfxx/zfwj/szfwj/zfwj2011_136267/201912/t20191210_3657628.html，最后访问日期：2021 年 1 月 6 日。

施方案的主要任务。[①] 仅在全方位干预健康影响因素的任务中，就包含了实施健康知识普及行动、实施合理膳食行动、实施全民健身行动、实施控烟行动、实施心理健康促进行动和实施健康环境促进行动等六个具体行动（见图 1）。

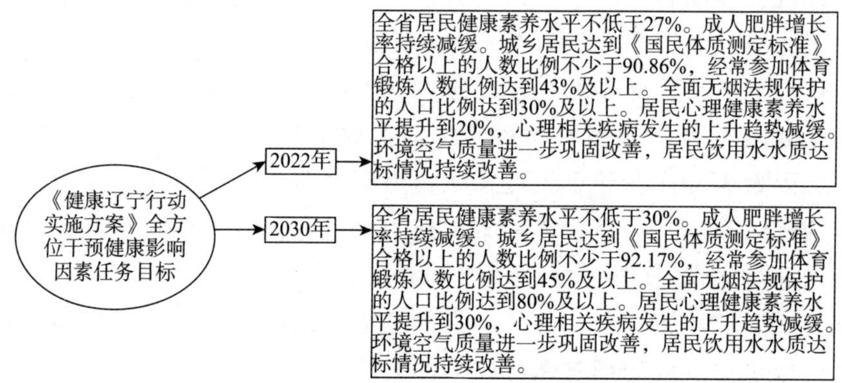

图 1　《健康辽宁行动实施方案》全方位干预健康影响因素任务目标

资料来源：《辽宁省人民政府关于印发健康辽宁行动实施方案的通知》，辽宁省人民政府网，http://www.ln.gov.cn/zfxx/zfwj/szfwj/zfwj2011_136267/201912/t20191210_3657628.html，最后访问日期：2021 年 1 月 6 日。

（二）河北省

河北地处华北平原，东临渤海、内环京津，地处沿海开放地区。2019 年 12 月 31 日，河北省人民政府发布《河北省人民政府印发贯彻〈国务院关于实施健康中国行动的意见〉实施方案的通知》，提出指导思想，并分别确定了该省健康发展 2022 年和 2030 年的总体目标（见图 2），明确了主要任务以及保障措施。

① 《辽宁省人民政府关于印发健康辽宁行动实施方案的通知》，辽宁省人民政府网，http://www.ln.gov.cn/zfxx/zfwj/szfwj/zfwj2011_136267/201912/t20191210_3657628.html，最后访问日期：2021 年 1 月 6 日。

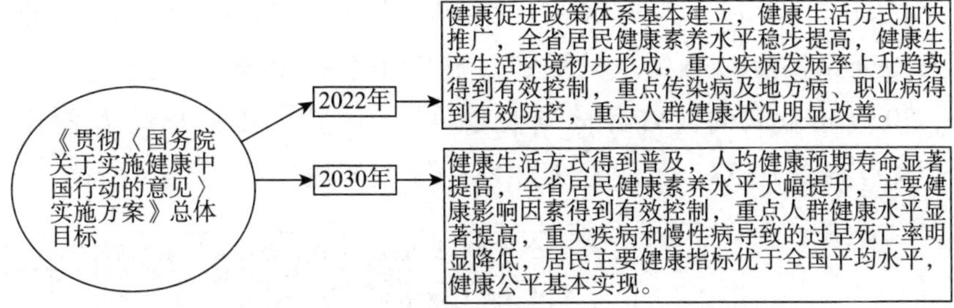

图 2　《贯彻〈国务院关于实施健康中国行动的意见〉实施方案》总体目标

资料来源：《河北省人民政府印发贯彻〈国务院关于实施健康中国行动的意见〉实施方案的通知》，大厂政府网，http://www.lfdc.gov.cn/zcfgjyl/27737.htm，最后访问日期：2021 年 1 月 6 日。

（三）天津市

为推进健康天津建设，提高全民健康水平，2019 年 12 月 29 日，天津市人民政府发布了《天津市人民政府关于印发健康天津行动实施方案的通知》，明确了指导思想和基本原则，并分别提出 2022 年、2030 年的总体目标（见图 3）。

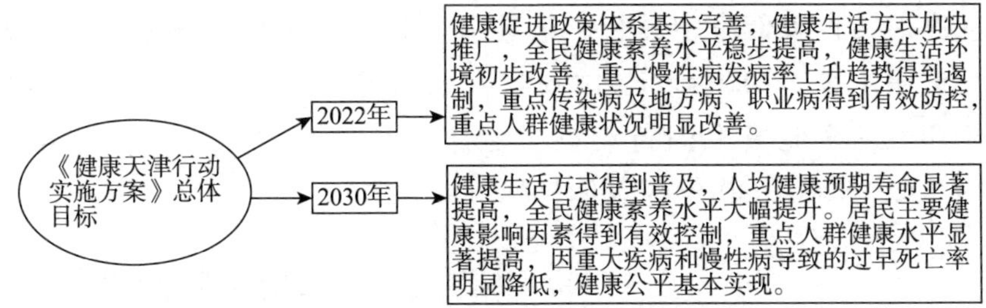

图 3　《健康天津行动实施方案》总体目标

资料来源：《天津市人民政府关于印发健康天津行动实施方案的通知》，天津市人民政府网，http://www.tj.gov.cn/zwgk/szfgb/wjhySite/202005/t20200520_2463016.html，最后访问日期：2021 年 1 月 6 日。

（四）山东省

山东省为贯彻落实“健康中国”的宏伟战略，加快推进健康山东建设，切实提高人民健康水平，山东省委、省政府制定并实施了

《“健康山东 2030”规划纲要》，从规划背景的角度分析了健康是促进人的全面发展必然要求的形势，制定了总体战略，分别提出 2020 年、2030 年发展的战略目标（见图 4），并进一步提出普及健康生活、优化健康服务、营造健康环境、健全健康支撑等保障措施。

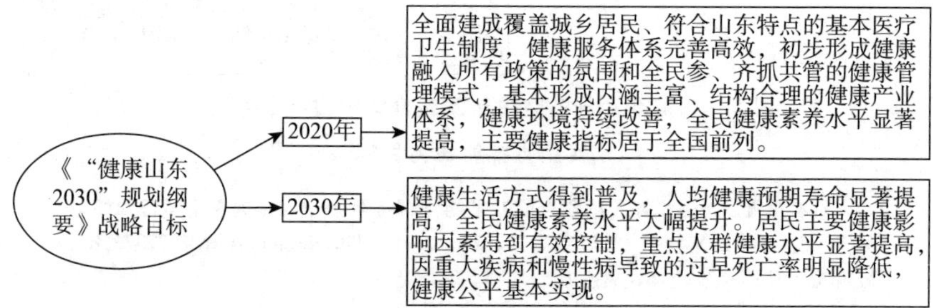

图 4　《“健康山东 2030”规划纲要》战略目标

资料来源：《省委、省政府印发〈“健康山东 2030”规划纲要〉》，大众网，http://sd.dzwww.com/sdnews/201802/t20180211_17034693.htm，最后访问日期：2021 年 1 月 6 日。

（五）江苏省

江苏是中国古代文明的发祥地之一，地处长江经济带，开放程度较高。为推动健康中国行动落地见效，加快健康江苏建设，提高全民健康水平，2020 年 1 月 26 日，江苏省人民政府发布《省政府关于印发落实健康中国行动推进健康江苏建设实施方案的通知》，提出 2022 年和 2030 年的总体目标（见图 5）。

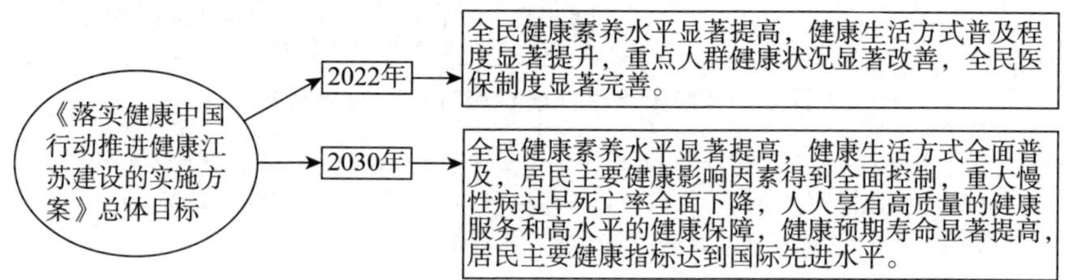

图 5　《落实健康中国行动推进健康江苏建设的实施方案》总体目标

资料来源：《省政府关于印发落实健康中国行动推进健康江苏建设实施方案的通知》，江苏省人民政府网，http://www.jiangsu.gov.cn/art/2020/2/7/art_46143_8965253.html，最后访问日期：2021 年 1 月 6 日。

（六）上海市

上海地处中国东部、长江入海口。为贯彻落实健康中国战略，推进健康上海行动，2019 年 8 月 29 日，上海市人民政府印发《关于推进健康上海行动的实施意见》的通知，明确提出总体目标和重大任务以及保障措施。在总体目标中分别制定了 2022 年和 2030 年的总体目标（见图 6）。

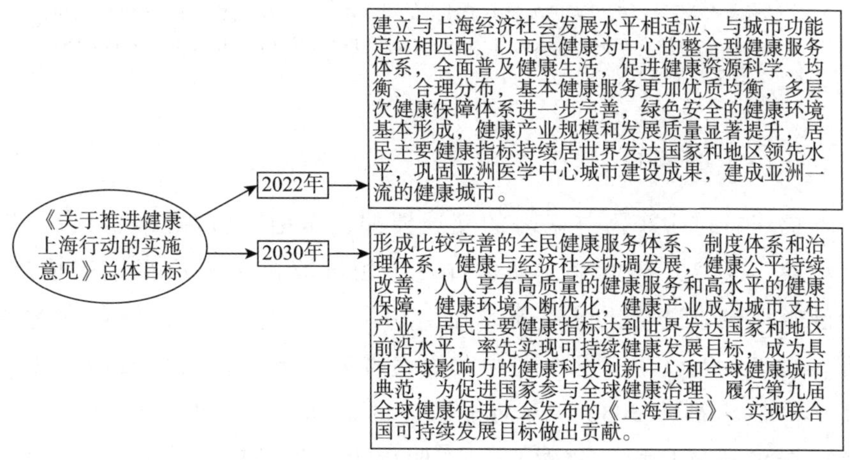

图 6　《关于推进健康上海行动的实施意见》总体目标

资料来源：《上海市人民政府印发〈关于推进健康上海行动的实施意见〉的通知》，上海市人民政府网，http://www.shanghai.gov.cn/nw44286/20200824/0001-44286_62576.html，最后访问日期：2021 年 1 月 6 日。

（七）浙江省

为加快实施健康中国战略、推进健康浙江行动，2019 年 12 月 13 日，浙江省人民政府发布《浙江省人民政府关于推进健康浙江行动的实施意见》，分别提出 2022 年和 2030 年的总体目标（见图 7），并制定了全面实行健康影响因素干预、持续改善健康环境等六大行动任务。

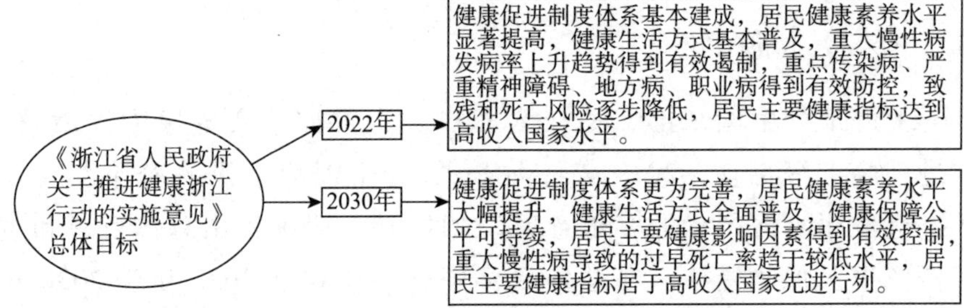

图 7 《浙江省人民政府关于推进健康浙江行动的实施意见》总体目标

资料来源：《浙江省人民政府关于推进健康浙江行动的实施意见》，浙江省卫生健康委员会网站，https://wsjkw.zj.gov.cn/art/2019/12/23/art_1202101_41194269.html，最后访问日期：2021 年 1 月 6 日。

（八）福建省

福建省位于东海与南海的交通要冲，东南隔台湾海峡与台湾地区相望。改革开放以来，福建省健康领域改革发展取得显著成就，为健康福建建设奠定了坚实基础。2017 年 5 月 28 日，中共福建省委、福建省人民政府发布《中共福建省委　福建省人民政府关于印发〈“健康福建 2030”行动规划〉的通知》，分别提出 2020 年和 2030 年的战略目标（见图 8），并明确了实施健康福建的五大工程，即健康促进工程、健康服务工程、健康扶贫工程、健康环境工程和

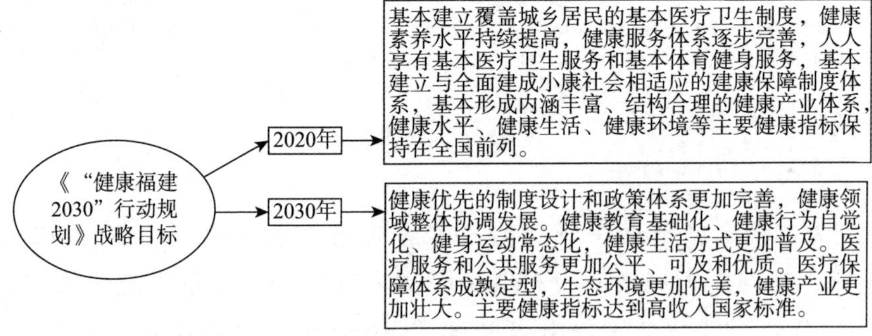

图 8 《“健康福建 2030”行动规划》战略目标

资料来源：《中共福建省委　福建省人民政府关于印发〈“健康福建 2030”行动规划〉的通知》，福建省工业和信息化厅网站，http://gxt.fujian.gov.cn/xw/jxyw/201706/t20170607_2107061.htm，最后访问日期：2021 年 1 月 6 日。

健康产业工程；并构建健康信息服务平台、健康科技创新平台和健康对外交流平台，又从体制机制、健康筹资、健康人才、食品药品安全和健康法治等五方面进行保障。

（九）广东省

为深入实施健康中国战略，推进健康广东行动，2019 年 12 月 28 日，广东省制定了《广东省人民政府关于实施健康广东行动的意见》，分别提出 2022 年、2030 年的总体目标（见图 9），并提出 18 项主要任务（见表 2）。

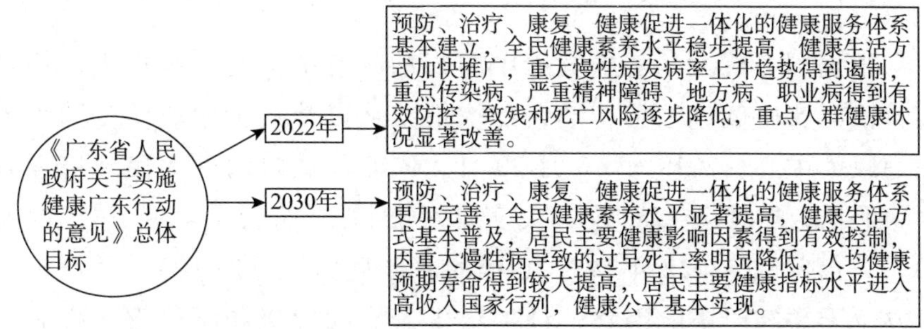

图 9　《广东省人民政府关于实施健康广东行动的意见》总体目标

资料来源：《广东省人民政府关于实施健康广东行动的意见》，广东省人民政府网，http://www.gd.gov.cn/zwgk/wjk/qbwj/yf/content/post_2862509.html，最后访问日期：2021 年 1 月 6 日。

表 2　《广东省人民政府关于实施健康广东行动的意见》主要任务

主要任务	实施健康知识普及行动
	实施合理膳食行动
	实施全民健身行动
	实施控烟行动
	实施心理健康促进行动
	实施健康环境促进行动
	实施妇幼健康促进行动
	实施中小学健康促进行动
	实施职业健康保护行动
	实施老年健康促进行动
	实施心脑血管疾病防治行动

续表

主要任务	实施癌症防治行动 实施慢性呼吸系统疾病防治行动 实施糖尿病防治行动 实施传染病及地方病防控行动 实施塑造健康湾区行动 实施中医药健康促进行动 实施智慧健康行动

资料来源：《广东省人民政府关于实施健康广东行动的意见》，广东省人民政府网，http://www.gd.gov.cn/zwgk/wjk/qbwj/yf/content/post_2862509.html，最后访问日期：2021 年 1 月 6 日。

（十）广西壮族自治区

根据国务院关于实施健康中国行动的有关部署，为推进广西壮族自治区实施健康中国行动，加快推动从以治病为中心转变为以人民健康为中心，2019 年 10 月 30 日，广西壮族自治区人民政府发布《广西壮族自治区人民政府关于印发健康广西行动实施方案的通知》，分别提出 2022 年和 2030 年的总体目标（见图 10），并制定了全方位干预健康影响因素、维护全生命周期健康和防控重大疾病等主要任务，以及组织实施措施。

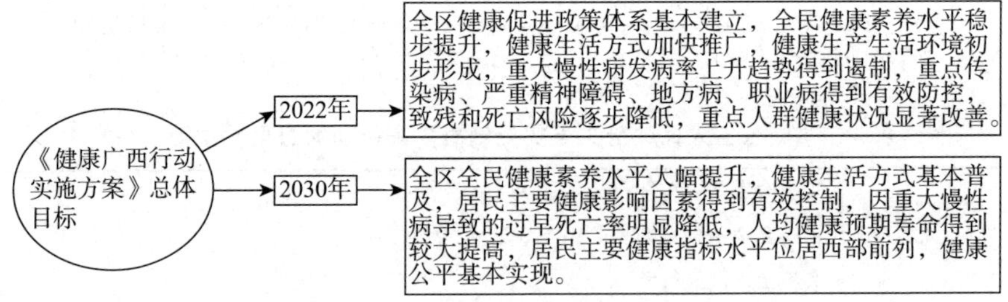

图 10　《健康广西行动实施方案》总体目标

资料来源：《广西壮族自治区人民政府关于印发健康广西行动实施方案的通知》，广西壮族自治区人民政府网，http://www.gxzf.gov.cn/zwgk/zfwj/20191104-775904.shtml，最后访问日期：2021 年 1 月 6 日。

（十一）海南省

2018 年，中共中央、国务院发布了《中共中央　国务院关于支

持海南全面深化改革开放的指导意见》，推动海南成为新时代全面深化改革的新标杆，形成更高层次改革开放的新格局。为履行好中共中央、国务院赋予海南的改革开放新使命，推动健康产业高质量发展，促进经济发展和民生改善良性互动，海南省制定了《海南省健康产业发展规划（2019—2025 年)》，提出了 2025 年健康产业发展目标（见图 11)。

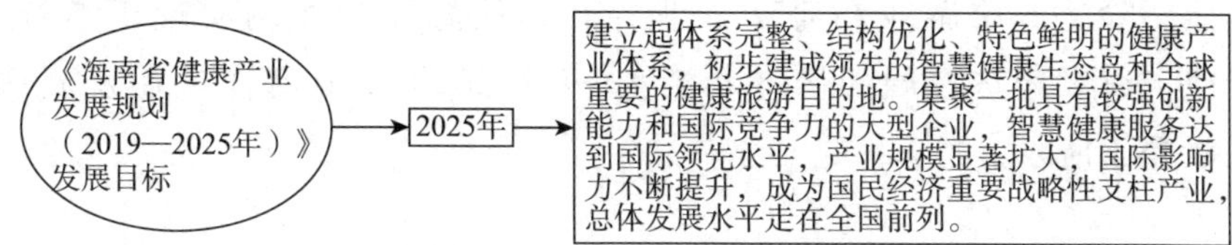

图 11 《海南省健康产业发展规划（2019—2025 年)》发展目标

资料来源：《海南省人民政府关于印发海南省健康产业发展规划（2019—2025 年）的通知》，海南省人民政府网，http://www.hainan.gov.cn/hainan/szfwj/201901/8cd4a9fbb67f4be1b38884b1c7f93767.shtml，最后访问日期：2021 年 1 月 6 日。

二 经济环境

根据马斯洛的需求层次理论，人们的需求由低到高可分成七个层次，可划分为两类，其中第一类是最低的层次，只是为了满足自身的生理需求和安全需求，并且可以依靠外部条件获得满足；第二类包括社交、尊重、求知、审美和自我实现等五个方面，只能依靠内部因素来满足。① 因此，经济水平对于健康程度有很大的影响。健康投资离不开经济支撑，因此对一个地区来讲，经济水平越高，健康投资就越有保障。反之，一个地区具有良好的人民健康水平，又可以促进当地经济的发展。党的十八大以来，在以习近平同志为核心的党中央坚强领导下，全国各族人民高举中国特色社会主义伟大旗帜，牢固树立和贯彻落实新发展理念，适应把握引领经济发展新常态，中国

① 林应龙：《海南健康旅游的市场研究》，硕士学位论文，海南热带海洋学院，2018。

经济社会发展取得辉煌成就。2020 年尽管受到新冠肺炎疫情的严重冲击，以及面对复杂多变的国际形势，“我国经济运行逐季改善、逐步恢复常态，在全球主要经济体中唯一实现经济正增长”①。

（一）海洋经济稳步恢复

2020 年，中国主要海洋产业稳步恢复，全年增加值达到 29641 亿元。除滨海旅游业和海洋盐业外，其他海洋产业均实现正增长，展现了海洋经济发展的韧性和活力。② 2020 年主要海洋产业发展情况如表 3 所示。

表 3　2020 年主要海洋产业发展情况

产业名称	增加值（亿元）	比上年增长（下降者已注明）（%）
海洋渔业	4712	3.1
海洋油气业	1494	7.2
海洋矿业	190	0.9
海洋盐业	33	下降 7.2
海洋化工业	532	8.5
海洋生物医药业	451	8.0
海洋电力业	237	16.2
海水利用业	19	3.3
海洋船舶工业	1147	0.9
海洋工程建筑业	1190	1.5
海洋交通运输业	5711	2.2
滨海旅游业	13924	下降 24.5

资料来源：《2020 年中国海洋经济统计公报》，自然资源部网站，http://search.mnr.gov.cn/axis2/download/P020210331560946177148.pdf，最后访问日期：2021 年 4 月 2 日。

① 《中华人民共和国 2020 年国民经济和社会发展统计公报》，国家统计局网站，http://www.stats.gov.cn/tjsj/zxfb/202102/t20210227_1814154.html，最后访问日期：2021 年 3 月 25 日。

② 《2020 年中国海洋经济统计公报》，自然资源部网站，http://search.mnr.gov.cn/axis2/download/P020210331560946177148.pdf，最后访问日期：2021 年 4 月 2 日。

（二）居民生活质量持续提高

1. 决战脱贫攻坚取得决定性胜利

党的十八大以来，9899 万农村贫困人口全部实现脱贫，贫困县全部摘帽，绝对贫困历史性消除。①

2. 全国居民人均可支配收入不断提高

根据统计，2020 年全国居民人均可支配收入、城镇居民人均可支配收入和农村居民人均可支配收入均有所增长（见表 4）。

表 4　2020 年全国居民人均可支配收入情况

指标名称	人均可支配收入（元）	比上年增长（%）	扣除价格因素，实际增长（%）	中位数（元）	比上年增长（%）
全国居民人均可支配收入	32189	4.7	2.1	27540	3.8
城镇居民人均可支配收入	43834	3.5	1.2	40378	2.9
农村居民人均可支配收入	17131	6.9	3.8	15204	5.7

资料来源：《中华人民共和国 2020 年国民经济和社会发展统计公报》，国家统计局网站，http://www.stats.gov.cn/tjsj/zxfb/202102/t20210227_1814154.html，最后访问日期：2021 年 3 月 25 日。

3. 沿海各地区居民人均可支配收入不断提高

改革开放 40 多年来，沿海地区无论是经济发展水平，还是人民生活水平，都得到较好的发展。2020 年受新冠肺炎疫情冲击和复杂国际环境的影响，中国沿海地区人均可支配收入仍然保持增长的态势（见表 5）。

① 《中华人民共和国 2020 年国民经济和社会发展统计公报》，国家统计局网站，http://www.stats.gov.cn/tjsj/zxfb/202102/t20210227_1814154.html，最后访问日期：2021 年 3 月 25 日。

表 5　2020 年中国沿海地区人均可支配收入情况

地区	全年全体居民人均可支配收入（元）	比上年增长(%)	城镇居民人均可支配收入（元）	比上年增长(%)	农村居民人均可支配收入（元）	比上年增长(%)
天津	43854	3.4	47659	3.3	25691	3.6
河北	27136	5.7	37286	4.3	16467	7.1
辽宁	32738	2.9	40376	1.5	17450	8.3
上海	72232	4.0	76437	3.8	34911	5.2
江苏	43390	4.8	53102	4.0	24198	6.7
浙江	52397	5.0	62699	4.2	31930	6.9
福建	37202	4.5	47160	3.4	20880	6.7
山东	32886	4.1	43726	3.3	18753	5.5
广东	41029	5.2	50257	4.4	20143	7.0
广西	24562	5.3	35859	3.2	14815	8.3
海南	27904	4.6	37097	3.0	16279	7.7

资料来源：《2020 年天津市国民经济和社会发展统计公报》，天津市人民政府网，http://www.tj.gov.cn/sq/tjgb/202103/t20210315_5384328.html，最后访问日期：2021 年 3 月 25 日；《河北省 2020 年国民经济和社会发展统计公报》，河北省统计局网站，http://www.hetj.gov.cn/hetj/tjgbtg/101611739068561.html，最后访问日期：2021 年 3 月 25 日；《2020 年辽宁省国民经济和社会发展统计公报》，中国经济网，http://district.ce.cn/newarea/roll/202103/17/t20210317_36388533.shtml，最后访问日期：2021 年 3 月 25 日；《2020 年上海市国民经济和社会发展统计公报》，中国经济网，http://district.ce.cn/newarea/roll/202103/19/t20210319_36394818.shtml，最后访问日期：2021 年 3 月 25 日；《2020 年江苏省国民经济和社会发展统计公报》，江苏省人民政府网，http://www.js.gov.cn/art/2021/3/10/art_34151_9699058.html?from=singlemessage，最后访问日期：2021 年 3 月 25 日；《成绩单来了！2020 年浙江省国民经济和社会发展统计公报公布》，浙江省人民政府网，http://www.zj.gov.cn/art/2021/3/1/art_1229396854_59085017.html，最后访问日期：2021 年 3 月 25 日；《2020 年福建省国民经济和社会发展统计公报》，福建省人民政府网，http://fujian.gov.cn/zwgk/sjfb/tjgb/202103/t20210301_5542668.htm，最后访问日期：2021 年 3 月 25 日；《2020 年山东省国民经济和社会发展统计公报》，山东省统计局网站，http://tjj.shandong.gov.cn/art/2021/2/28/art_104039_10285362.html，最后访问日期：2021 年 3 月 25 日；《2020 年广东省国民经济和社会发展统计公报》，人民网，http://gd.people.com.cn/n2/2021/0301/c123932-34598018.html，最后访问日期：2021 年 3 月 25 日；《广西 2020 年国民经济和社会发展统计公报发布（全文）》，广西新闻网，http://www.gxnews.com.cn/staticpages/20210323/newgx60592bf8-20179680.shtml，最后访问日期：2021 年 3 月 25 日；《2020 年海南省国民经济和社会发展统计公报》，中国经济网，http://district.ce.cn/newarea/roll/202103/01/t20210301_36347505.shtml，最后访问日期：2021 年 3 月 25 日。

三 社会环境

（一）常住人口众多

中国沿海地区常住人口众多（见表6），发展健康事业具有广泛的群众基础，也意味着提高广大人民群众健康水平十分必要。

表6 2019年中国沿海地区常住人口情况

单位：万人

地区	常住人口总量	常住人口增量
天津	1561.83	2.23
河北	7591.97	35.67
辽宁	4351.70	-7.60
上海	2428.14	4.36
江苏	8070.00	19.30
浙江	5850.00	113.00
福建	3973.00	32.00
山东	10070.21	22.97
广东	11521.00	175.00
广西	4960.00	34.00
海南	944.72	10.40
合计	61322.57	441.33

资料来源：《2019年全国人口统计结果，广东、山东总人口过亿》，腾讯网，https://new.qq.com/rain/a/20210102A04O6H00，最后访问日期：2021年2月28日。

2019年，广东省作为全国常住人口第一省份，其人口占全国人口总量的8.23%，比2018年提高0.1个百分点；人口密度为每平方公里641人，为全国的4.4倍。①

① 《广东老龄化程度仍较低 人口密度是全国4.4倍》，http://www.zjgbwg.com/caijing/53175.html，最后访问日期：2021年3月24日。

（二）人口老龄化呼唤发达的健康产业

老龄人口占总人口的比重达到较高的程度就是人口老龄化。联合国主要以两个标准来判断老龄化：一是看60岁以上的人口占总人口的比重是否达到10%，二是看65岁以上人口占总人口的比重是否达到7%。以此标准判断，中国从2009年就已经进入老龄化社会。[①] 沿海许多地区也已开始进入老龄化阶段。

例如，早在2017年，山东省17个设区市中有12个市的老年人口比例超过20%，已进入中度老龄化社会。[②]

2017年辽宁省户籍总人口为4232.57万人，60周岁及以上户籍老年人口为958.74万人，占总人口的22.65%，辽宁省已经步入深度老龄化社会。[③]

广东省的情况有所不同，受户籍人口基数较大以及规模庞大的外来人口影响，广东常住人口总量在未来一段时间内仍将继续保持增长态势。由于人口出生率以及人口流动、迁移的原因，尤其是外来人口规模相对较大，广东人口老年化进程比其他省份有所减缓。[④]

这些事实表明，中国沿海地区开始进入老龄化社会，亟须为老年人提供舒适优良的健康养老环境。

（三）亚健康需要通过发展健康产业来改善

亚健康状态是在疾病与健康之间的健康低质状态，流行病学调

---

① 王雅倩：《人口老龄化背景下老年人赡养权益保障研究——以500份赡养纠纷判决书为分析样本》，《黑龙江生态工程职业学院学报》2021年第2期。

② 《山东省已进入中等老龄化社会　老龄化最低的是聊城》，半岛网，http://news.bandao.cn/a/132969.html，最后访问日期：2021年3月24日。

③ 《辽宁：老年人口占比22.65%，已步入深度老龄化社会》，观察者网，https://www.guancha.cn/society/2018_06_30_462139.shtml，最后访问日期：2021年3月24日。

④ 《广东老龄化程度仍较低 人口密度是全国4.4倍》，http://www.zjgbwg.com/caijing/53175.html，最后访问日期：2021年3月24日。

查显示一般人群的现患率为 17.8% ~60.5%，亚健康状态是危害人们健康的头号隐形杀手。[①] 随着现在学习和工作压力的加大，以及室内娱乐项目的增多，人们户外锻炼、外出旅游的时间较少，身体不可避免地出现一些亚健康的状况。例如，珠海市居民的亚健康发生率为 67.56%，女性亚健康发生率高于男性；年龄在 35 ~45 岁范围内的居民亚健康发生率最高。[②] 大连市职业人群亚健康总检出率为 16.8%。[③]

根据亚健康状态的临床表现，可以将其分为以下几类：①以疲劳，或睡眠紊乱，或疼痛等躯体症状表现为主；②以郁郁寡欢，或焦躁不安、急躁易怒，或恐惧胆怯，或短期记忆力下降、注意力不能集中等精神心理症状表现为主；③以人际交往频率降低，或人际关系紧张等社会适应能力下降表现为主。上述 3 条中的任何一条持续发作 3 个月以上，并且经系统检查排除可能导致上述表现的疾病者，目前可分别被判断为处于躯体亚健康、心理亚健康、社会交往亚健康状态。[④] 因此，发展健康产业刻不容缓，以便更好地满足广大人民群众对提高健康水平的要求。

四　技术环境

为了让更多人享受健康，需要提供多方面的健康产品，例如运动食品、运动器械、运动服装等。这些产品的生产既要有科学的质

① 陈洁瑜、韩双双、颜文凯、刘炳然、邝柳燕、齐杰莹、罗仁、赵晓山：《广东地区亚健康状态与中医体质的相关性研究》，《中国中西医结合杂志》2019 年第 11 期。

② 邹朝霞、李均、李光友、黄雪梅：《珠海市居民亚健康现状及危险因素分析》，《中国公共卫生管理》2017 年第 2 期。

③ 魏嵩、项雪、张译丹、王娅玲、张铎铃、张莹：《大连市职业人群亚健康现状及影响因素分析》，《医学与哲学》2017 年第 7 期。

④ 朱嵘：《〈亚健康中医临床指南〉解读》，《中国中医药现代远程教育》2009 年第 2 期。

量管理体系，还要有专业的现代化高科技生产设备，更要有掌握高技术的专业人才。改革开放40多年来，在中国沿海地区，海洋类高等学校和海洋科研院所云集，涉海企业众多，成为开发海洋健康产品、提供海洋健康服务的主要阵地。① 许多海洋健康产品生产技术已经高水平地研发出来，并且产业化落地开花结果，较好地推动了政产学研用协同创新。

例如，2019 年注册创立并正式运行的青岛海洋食品营养与健康创新研究院，是由中国海洋大学与青岛市城阳区人民政府共同创立的，具有独立法人资质。② 该院依托中国海洋大学食品科学与工程学院的有关海洋脂质生物转化、海参精深加工、南极磷虾精深加工、海洋调味品开发等多项科研成果，着力打造海洋生物、海洋食品协同创新基地（平台）；基地入驻企业——青岛至纯生物科技有限公司从海藻中提取天然亲水胶体和膳食纤维进行加工，其产品用于奶茶、果汁、酸奶等各种工业食品中。③

五　中国沿海地区健康产业发展对策

（一）加大宣传力度

人口老龄化和生活方式健康化，呼唤健康产业的发展，特别是中年人由于肩负工作和家庭双重重担，更容易受到亚健康的折磨。新冠肺炎疫情发生以来，在疫情防控工作中如何更好地为人民群众

① Wenhan Ren, "Research on Dynamic Comprehensive Evaluation of Allocation Efficiency of Green Science and Technology Resources in China's Marine Industry," *Marine Policy* 131 (2021): 104637.

② 青岛海洋食品营养与健康创新研究院官网，https://www.qibnh.com/，最后访问日期：2021 年 3 月 24 日。

③ 王作岩：《青岛城阳加速布局功能性食品行业　发展大健康产业》，新华网，http://www.sd.xinhuanet.com/sd/qd/2020-08/12/c_1126358961.htm，最后访问日期：2021 年 3 月 24 日。

提供优质健康的产品，促进人民群众的身体健康，增强人民群众抵御新冠病毒的能力，正是各有关部门和健康产业规划管理者以及全体从业者应思考的问题。①

应通过报纸、杂志、广播、电视、讲座以及小视频等多种方式，向广大人民群众宣传健康的重要性，传授正确的养生方法，通过媒体指导广大人民群众了解哪些海产品更具有强身健体、增强免疫能力的功效，引导广大人民群众正确消费海产品。

（二）搜集整理海洋康养资源②

一是查询相关的历史文献，尽可能多地找到应用海洋生物资源作为原材料制作药物的史料记载，查找其药用功效的记载，为海洋生物医药的开发积累资料。

二是搜集整理各类食谱和菜谱，查找哪些是以海产品为食材的食物，为开发健康产业功能性食品做资料储备。

三是整理现有海洋旅游资源，针对健康产业发展，开辟旅游、休闲、疗养、度假线路和项目。

四是做好海洋环境调查，对制约海洋健康产业发展的污染进行整治，确保为健康产业发展提供优美的海洋环境支撑。

（三）提供多种多样的健康产品

针对不同年龄、不同消费群体，推出形式多样的海洋健康产品。比如海上运动器材、海洋运动装备、海洋功能食品等。打造一些广大人民群众喜闻乐见、易于接受的海洋娱乐等服务项目，比如休闲垂钓、海上帆船等。

---

① 董争辉：《山东省发展康养旅游业 RMFEP 分析与对策》，载张清津主编《经济动态与评论（第 9 辑）》，社会科学文献出版社，2021，第 167 页。

② 董争辉：《山东省发展海洋健康产业的条件、挑战与对策》，载孙吉亭主编《中国海洋经济（第 9 辑）》，社会科学文献出版社，2021，第 36 页。

（四）注意培养健康产业人才

既要认真培养健康产业科技人才，也要注重培养健康产业管理人才，以及培养具有良好素质的健康产业的从业人员。例如，对于从事健康旅游业的导游来说，既要了解所提供的旅游产品（景点）的背景故事和特点，又要了解掌握它们对人类健康的作用机制，从而为游客详细介绍各种健康旅游产品（景点）的功能和原理，以便将健康旅游的服务提升到更高的层次。可采取“送出去、请进来”的方式，一方面委托大专院校培养专业人才，另一方面对选中的人才进行定点引进。

PEST Analysis and Countermeasures of Health Industry in Coastal Areas of China

Dong Zhenghui
(Qingdao Fuwai Cardiovascular Hospital, Qingdao, Shandong, 266071, P. R. China)

Abstract: China's coastal areas have a large population, rapid economic development, high living standards of the people, with a good foundation for the development of healthy industry. This paper uses PEST analysis method to analyze. In the aspect of political environment, it introduces and analyzes the healthy development plan of coastal areas. In terms of economic environment, the paper analyzes the current situation of marine economic development in China and the continuous improvement of people's living quality. In the aspect of social environment, the paper analyzes the situation of permanent population, population aging and sub-health in coastal areas. In terms of science and technology environment, the case study shows that many marine health product production technologies have been developed at a high level and successfully industrialized, which has promoted the collaborative innovation of government, industry, university, research institute and application.

Keywords: PEST Analysis Method; Health Industry; Permanent Population; Population Aging; Sub-health

（责任编辑：谭晓岚）

海洋文化旅游业高质量发展研究

郭少菁*

摘　要　海洋文化旅游是指充分利用旅游目的地的海洋人文景观和海洋空间，结合海洋自然资源，使旅游者通过亲身体验、亲身观光、亲身学习等方式，领略到新颖的海洋文化魅力，获得精神层面的愉悦的旅游活动。目前存在旅游业整体受到新冠肺炎疫情影响较大、海洋传统特色文化资源需要保护、海洋文化旅游纪念品开发不够、文化旅游管理效率低下等问题。为此应该采取以下对策：一是做好海洋文化旅游业发展规划，二是打造海洋文化旅游特色产品，三是数字赋能海洋文化旅游业，四是加强海洋文化旅游业管理，五是注重海洋文化旅游业人才培养。

关键词　海洋文化　文化旅游　海洋人文景观　海洋空间　数字赋能

海洋是生命的摇篮、资源的宝库，是人类赖以生存的蓝色粮仓。海洋不仅面积广袤，占地球的71%，为人类提供充足的食品和辽阔的空间，还以其悠久的历史文化、灿烂的海洋文明、神秘的神话故事、优美的民间传说带给我们精神层面的愉悦和享受。这些丰

* 郭少菁（1989～），女，山东省海洋科学研究院研究实习员、青岛国家海洋科学研究中心研究实习员，主要研究领域为劳动与社会保障管理、文化学。

富的海洋文化资源，伴随海洋旅游的自然资源，构成了海洋文化旅游业发展的基础，形成了海洋旅游产业的新业态，成为海洋经济发展中的重要产业。在发达国家，海洋文化旅游业产值一般都占到整个旅游业产值的2/3左右。①

深入梳理海洋文化旅游的概念、发展思路，对于我们促进海洋旅游业高质量发展是非常有利的。

一　海洋文化旅游的概念

（一）文化

在《辞源》中，文化是这样定义的："文治与教化。今指人类社会历史发展过程中所创造的全部物质财富和精神财富，也特指社会意识形态。"②

（二）海洋文化与海洋文化产业

就海洋文化的内涵来说，并没有统一的定义，许多学者对此都表达了自己的观点。曲金良认为，海洋文化是在开发利用海洋的社会实践过程中形成的精神成果和物质成果的总和，表现形式是多样的。③ 其表现形式及所生成的生活方式如表1所示。

表1　海洋文化的表现形式及生成的生活方式

海洋文化的表现形式	海洋文化生成的生活方式
认识	经济结构
观念	法规制度

① 本刊评论员：《创新驱动海洋文化产业大发展》，《发展改革理论与实践》2017年第9期。

② 《辞源（修订本）》第二册，商务印书馆，1984，第1357页。

③ 曲金良：《发展海洋事业与加强海洋文化研究》，《青岛海洋大学学报》（社会科学版）1997年第2期。

续表

海洋文化的表现形式	海洋文化生成的生活方式
思想	衣食住行习俗
意识	语言文学艺术
心态	其他

资料来源：曲金良：《发展海洋事业与加强海洋文化研究》，《青岛海洋大学学报》（社会科学版）1997 年第 2 期。

董玉明认为，与海洋有关的文化就是海洋文化。① 李刚认为，海洋文化既包括精神文化，也包括物质文化，表现形式亦是多种多样的（见图 1）。

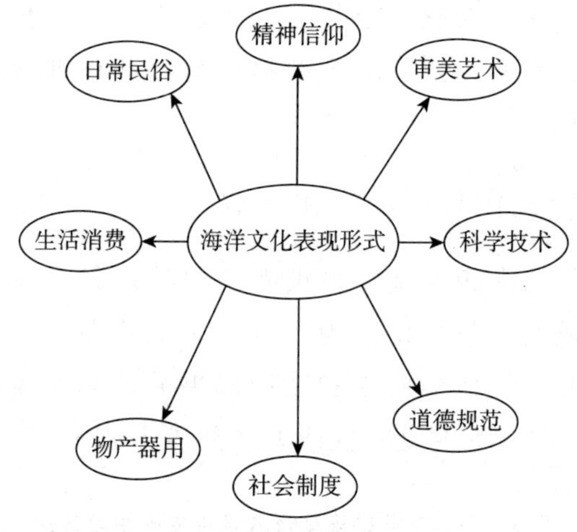

图 1　海洋文化的表现形式

资料来源：李刚：《青岛市海洋文化产业的统计与探析》，《中国统计》2013 年第 8 期。

陈艳红认为，海洋文化是与大陆文化并行的，都是人类文化的重要组成部分。② 丁希凌认为，海洋文化学是交叉学科，是学科群，它综合了哲学、社会、自然、科技等多个科学，涉及社会科学、自

① 董玉明：《海洋文化与青岛旅游开发》，《海岸工程》2002 年第 1 期。

② 陈艳红：《发展海洋文化的关键在于海洋意识教育》，《航海教育研究》2010 年第 4 期。

然科学、技术科学。[①] 尽管不同学者的表述各有不同，但是本文认为，它们都反映出海洋文化具有的物质财富属性和精神财富属性，表现形式为在开发利用海洋过程中所产生的一系列与人类思想意识有关的各种活动，例如海上作业的规范制度、日常交往的行为方式、探索海洋的科学技术以及凝聚智慧的海洋产品等。

梁永贤认为，海洋文化产业是在沙滩海岸、海底世界、海上平面等生存空间里对海洋文化进行开发、利用、改造、升级的产业。[②] 王苧萱认为，海洋文化产业就是海洋社会及其相关社会主体从事的与海洋文化相关的产业，它包含5类情况（见图2）。

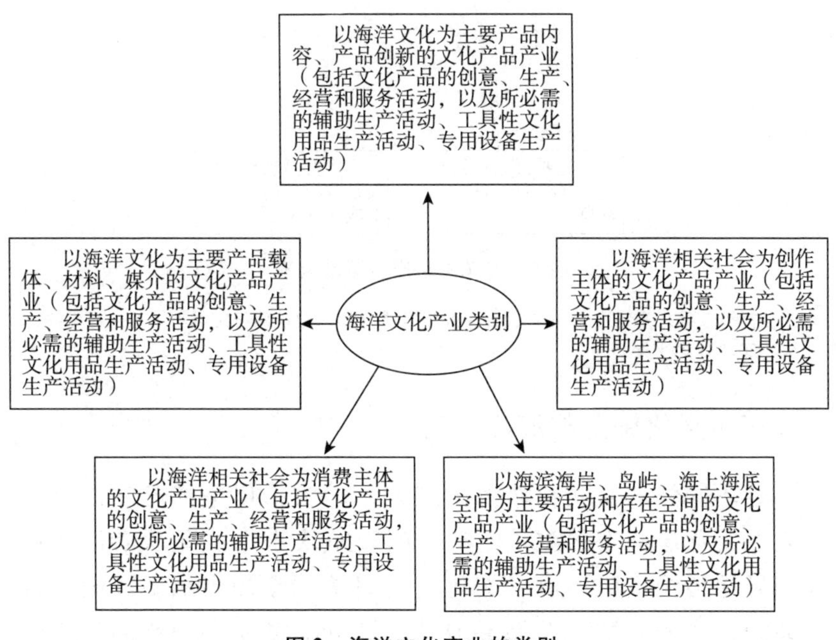

图2　海洋文化产业的类别

资料来源：王苧萱：《中国海洋文化产业统计体系的设计与应用》，《中国海洋经济》2017年第1期。

① 丁希凌：《海洋文化学刍议》，《广西民族学院学报》（哲学社会科学版）1998年第3期。

② 梁永贤：《浅析海洋文化创意产业的概念与发展思路》，《中国海洋经济》2017年第2期。

尽管海洋文化产业主要分成五大类别，但是无论是哪个类别的海洋文化产业内的企事业活动，都至少要具备以下 5 个要素之一（见图 3）。

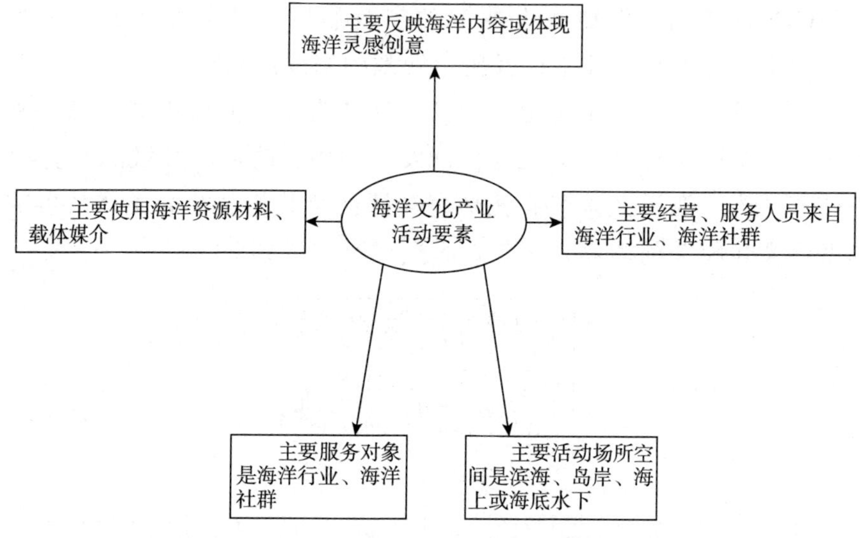

图 3　海洋文化产业活动要素

资料来源：王苧萱：《中国海洋文化产业统计体系的设计与应用》，《中国海洋经济》2017 年第 1 期。

（三）文化旅游与海洋旅游

尽管不同学者对文化旅游的表述不一致，但是都反映出这是一种建立在文化层面上的旅游活动。闻瑞东认为“文化旅游泛指以鉴赏异国异地传统文化、追寻文化名人遗踪或参加当地举办的各种文化活动为目的的旅游”。[①] 沙蕾认为，文化旅游是一种高品位旅游产品，着眼点则是令人向往的异地（异质）文化，通过观光、参与、学习等方式而获得体验和感悟。[②] 文化旅游活动推动了游客出发地和旅游目的地之间文化的相互沟通、传播、碰撞和交融，从而使文

① 闻瑞东：《广州发展文化旅游业的对策》，《改革与开放》2017 年第 10 期。

② 沙蕾：《南京文化旅游资源分析及产品开发研究》，硕士学位论文，南京师范大学，2004，第 11 页。

化层次得到更好的提升。

文化旅游资源是文化旅游的重要基础之一。文化旅游资源是指"客观地存在于一定地域空间并因其所具有的文化价值而对旅游者产生吸引力的自然存在、历史文化遗产或社会现象"。① 其中人文景观是其重要的资源，其主要类型如表 2 所示。

表 2　人文景观主要类型

人文景观	文物古迹
	园林建筑
	宗教设施
	民俗礼仪
	文化艺术
	风土人情

资料来源：孙淑荣、梅青、金岩：《济南市文化旅游资源整合开发策略》，《全国商情（经济理论研究）》2007 年第 11 期。

海洋旅游没有统一的概念，与海岛旅游、滨海旅游等被很多学者视为相同的概念。② Mark Crams 认为，海洋旅游不仅包括发生在海岸带区域内的旅游活动，还包括深海垂钓、邮轮旅游、潜艇旅游等旅游活动。③ 丁六申和马丽卿认为，海洋旅游业是指在海滨地区、近海、深海、大洋等进行的各种旅游休闲活动，是海洋经济发展的支柱产业。④ 海洋旅游业在海洋产业中具有先导地位，是"朝阳产业"中的朝阳。王宇等则将海洋旅游资源分为观光、海岛、度假、

① 孙淑荣、梅青、金岩：《济南市文化旅游资源整合开发策略》，《全国商情（经济理论研究）》2007 年第 11 期。

② 蔡礼彬、罗依雯：《基于 Q 方法的海洋旅游认知意象研究》，《海南热带海洋学院学报》2019 年第 3 期。

③ Mark Crams：《海洋观光影响、发展与管理（第 1 版）》，转引自万学新《文旅融合背景下用户对大连海洋旅游产业的认知度研究》，《经济研究导刊》2022 年第 22 期。

④ 丁六申、马丽卿：《新常态下舟山海洋旅游业发展策略探索》，《江苏商论》2019 年第 1 期。

文化四大类，并以山东省烟台市海洋旅游资源为例，对全市海洋资源进行了分类（见图 4）。

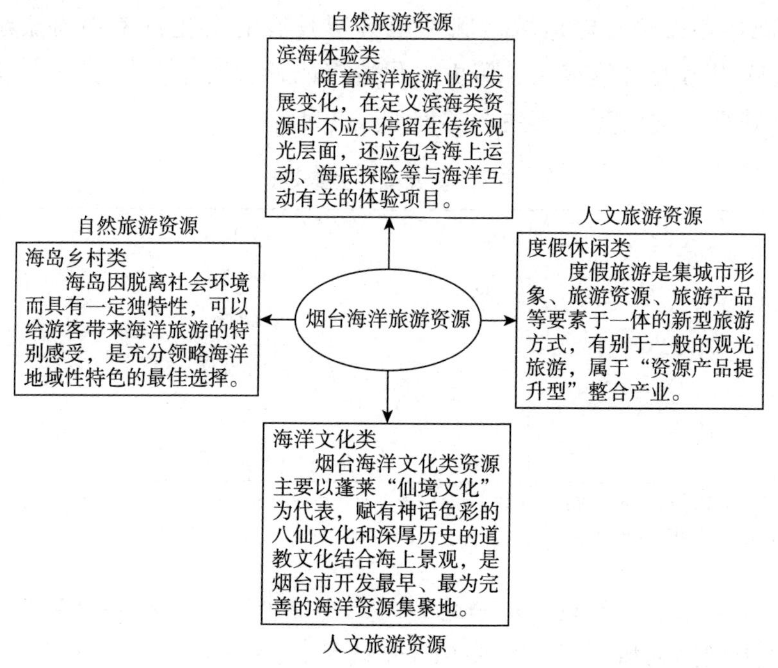

图 4　烟台海洋旅游资源类别

资料来源：王宇、周昊泽、董峰、林富强：《烟台海洋旅游现状的 RMP 分析及开发对策》，《当代经济》2019 年第 12 期。

高乐华和段棒棒认为，滨海旅游开发中通过使用海洋文化资源，以及把滨海旅游景点按照文化的要求进行改造升级，海洋文化与旅游业是能够融合的。①

（四）海洋文化旅游与海洋文化旅游业

综合借鉴以上的观点，本文认为，海洋文化旅游是指充分利用旅游目的地的海洋人文景观和海洋空间，结合海洋自然资源，使旅

① 高乐华、段棒棒：《山东半岛海洋文化与旅游产业的融合》，《东方论坛》2020 年第 1 期。

游者通过亲身体验、亲身观光、亲身学习等方式，领略到新颖的海洋文化魅力，获得精神层面的愉悦的旅游活动。依托海洋文化旅游活动而开展的产业就是海洋文化旅游业。

二 海洋文化旅游业发展现状

改革开放40多年来，中国一跃成为世界最大的国内旅游市场①、世界第一大国际旅游消费国②，旅游业成为国民经济战略性支柱产业。

就中国海洋经济中的滨海旅游业来看，“十三五”以来中国滨海旅游业一直发展迅猛（见图5），并出现了很多旅游新业态，例如海洋牧场、休闲渔业等，它们都是多个产业的复合体。

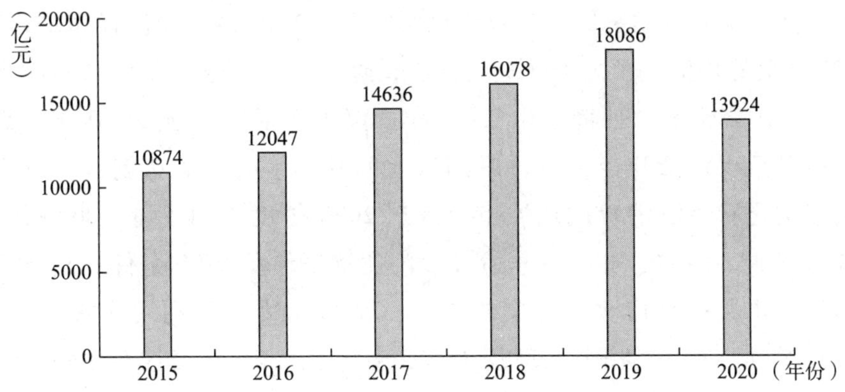

图5 2015～2020年中国滨海旅游业增加值

资料来源：2015～2020年《中国海洋经济统计公报》，自然资源部网站，http://www.mnr.gov.cn/sj/sjfw/hy/gbgg/zghyjjtjgb/，最后访问日期：2021年4月2日。

① 《国家旅游局长：中国已成世界最大的国内旅游市场》，中国经济网，http://www.ce.cn/macro/gnbd/cy/hyfx/200603/01/t20060301_6237585.shtml，最后访问日期：2020年12月22日。

② 李洋：《中国超美国等国成世界第一大国际旅游消费国》，民主与法制网，http://www.mzyfz.com/cms/benzhousheping/shepingzhuanqu/caijing/html/1241/2013-04-07/content-712541.html，最后访问日期：2020年12月12日。

沿海各地的海洋文化旅游业也蓬勃发展，涌现出一批海洋文化旅游项目。例如，2019 年，山东省烟台市利用新中国成立 70 周年红色旅游热度攀升之际弘扬胶东红色文化，推出 5 条红色旅游精品线路，串联胶东革命纪念馆、杨子荣纪念馆、海阳地雷战纪念馆等红色场馆、景区，寓教于游。创新文化旅游新业态，将烟台市博物馆、烟台美术博物馆、张裕酒文化博物馆、北极星钟表文化博物馆等公共、民间博物馆打造成研学旅行新热点和夜游“打卡地”，将《金山佛谕》《仙境·缘》等演艺项目营造出“沉浸式”的文化体验漫游空间。并创新举办了首届烟台市民文化节，并以市民文化节为引领，打造了“艺术烟台·公益美育”、“一馆五团”志愿文艺团队培育、美术博物馆“优 +”服务等全国领先的创新模式，让更多城乡居民欣赏到“家门口”的高雅艺术。烟台美术博物馆“优 +”服务模式获评文化和旅游部优秀教学案例。烟台市也荣获了“2019 避暑旅游样本城市”“2019 美好生活·中国十佳宜居宜业宜游城市”称号，吸引 8600 多万海内外游客畅游“仙境海岸”，品味“鲜美生活”。① 到 2020 年，烟台市又呈现疫情防控常态化时期行业的勃勃生机，成功创建为首批国家文化和旅游消费试点城市，入选 2020 年度中国夜游名城案例，推出戏曲、朗诵、书画、非遗等多门类抗疫作品 2700 余件，出台了加强文物保护利用改革的实施方案、革命文物保护利用实施意见，市县联动、部门协同，织牢“市、县、镇、村”四级保护体系，277 处市级以上重点文物保护单位逐一建档立卡、“四有”全面落实到位，2 个案例入选 2020 全省革命文物保护利用典型案例。烟台市蓬莱区获评第二批国家全域旅游示范区，长岛荣获 2020 中国优秀旅游品牌推广峰会“中国最佳生态旅游目的地”称号。② 2019 年在山

① 《盘点烟台 2019 年文化和旅游发展十大看点》，齐鲁网，http://news.iqilu.com/shandong/shandonggedi/20191230/4407444.shtml，最后访问日期：2021 年 3 月 8 日。

② 《烟台发布 2020 年度文化和旅游发展“十大看点”》，水母网，http://news.shm.com.cn/2020-12/31/content_5185546.htm，最后访问日期：2021 年 3 月 8 日。

东省日照市文化与旅游局主持和指导下，由日照顺风阳光海洋牧场开办了公益鱼拓课程班，教授广大少年儿童和居民群众制作鱼拓，将鱼拓这门集新、奇、雅、乐、艺于一体的高雅艺术纳入海洋文化旅游中。[①] 截至 2020 年 4 月，山东省 A 级旅游景区共计 1227 处[②]，其内部构成如图 6、表 3 所示。广州市以每年一届的“广州国际旅游文化节”为契机，以突出“岭南文化”为特色，着力开发饮食文化旅游、商贸文化旅游、温泉文化旅游、海洋文化旅游以及多元的宗教文化。[③] 浙江舟山定海的新建村突出打造徽派建筑、火车广场、渔民壁画、文艺书屋等文化特色，弘扬海洋文化，点上精致、线上出彩、面上美丽的乡村风貌逐渐成形。2019 年，全村接待游客超 45 万人次，接待浙江省中小学研学实践团队 50 余批次，接待全市各级

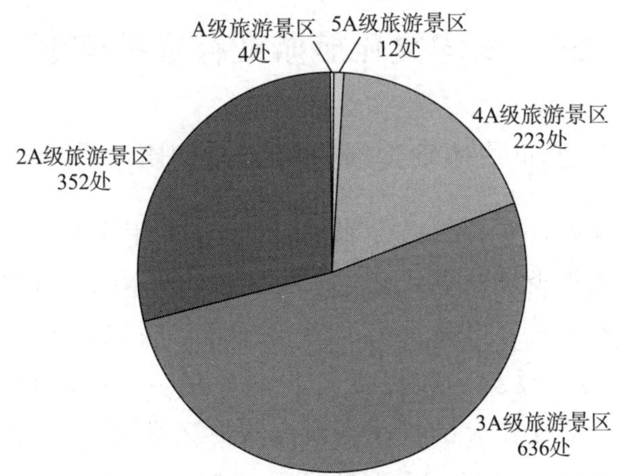

图 6　山东省 A 级旅游景区内部数量

资料来源：樊丽丽：《山东文化旅游产业融资模式研究》，《现代商贸工业》2020 年第 30 期。

---

① 《市文旅局与顺风阳光海洋牧场携手打造公益鱼拓，火热报名中!》，搜狐网，https://www.sohu.com/a/318845564_100088635，最后访问日期：2021 年 1 月 3 日。

② 樊丽丽：《山东文化旅游产业融资模式研究》，《现代商贸工业》2020 年第 30 期。

③ 闻瑞东：《广州发展文化旅游业的对策》，《改革与开放》2017 年第 10 期。

党组织参观学习团队 130 余批次，村里人均年收入达到 3.9 万元。①

表 3　山东省 A 级旅游景区内部比重

单位：%

名　称	所占比重
5A 级旅游景区	0.98
4A 级旅游景区	18.17
3A 级旅游景区	51.83
2A 级旅游景区	28.69
A 级旅游景区	0.33

资料来源：樊丽丽：《山东文化旅游产业融资模式研究》，《现代商贸工业》2020 年第 30 期。

三　海洋文化旅游业存在的问题

（一）旅游业整体受到新冠肺炎疫情影响较大

就国际来看，联合国世界旅游组织 2021 年 1 月 28 日发布的数据显示，新冠肺炎疫情导致全球旅游人数大幅减少，2020 年全球旅游业收入损失 1.3 万亿美元，2020 年成为“旅游业历史上最糟糕年份”。② 2020 年，受新冠肺炎疫情冲击和复杂国际环境的影响，中国滨海旅游业遭受较大的打击，滨海旅游人数锐减，邮轮旅游全面停滞，全年实现增加值 13924 亿元，比 2019 年下降了近 1/4。③ 在

① 《从“创意”走向“创益”——浙江舟山一个海岛乡村的文化复兴路》，洱海网，https://www.erhainews.com/n11922920.html，最后访问日期：2021 年 1 月 12 日。

② 王逸君：《2020 年全球旅游业收入损失 1.3 万亿美元》，环球网，https://world.huanqiu.com/article/41ityGPqG97，最后访问日期：2021 年 4 月 2 日。

③ 《2020 年中国海洋经济统计公报》，自然资源部网站，http://m.mnr.gov.cn/sj/sjfw/hy/gbgg/zghyjjtjgb/202103/t20210331_2618719.html，最后访问日期：2021 年 4 月 2 日。

这种大环境下，海洋文化旅游活动也不可避免地受到影响。这既是挑战，更是机遇。要求我们必须有更精彩的创意，注入更多的特色文化元素，使海洋文化旅游业重振雄风。

（二）海洋传统特色文化资源需要保护

人们对传统特色文化资源具有极高文化价值的认知比较欠缺，成天守着“宝贝”而司空见惯，并没有感到它巨大的文化价值和潜在的经济价值与市场价值。因此谈到开发海洋文化旅游就去追求“新”和“洋”的东西，往往忽略了本地自身原生态的文化资源，甚至毁旧建新，造成不可挽回的损失。例如，海南黎族文化蜚声全球，其中黎族人住的船型屋就是典型。但是伴随旅游业的发展壮大，船型屋已经无法承载这么大的旅游量。因此海南黎族为接待更多的游客，将自己的传统建筑拆除，建成了大瓦房。对于这些非常独特、宝贵的原生态文化资源而言，此类行为的破坏性十分巨大和致命。①

黎锦是海南岛黎族民间织锦，是中国最早的棉纺织品，其历史已经超过 3000 年，可以说它代表和见证了中国棉纺织品的发展历程。但是随着时间的推移，现在这种织布技术只有极少数的黎族老人还会使用，后继无人，难以传承，面临失传的危险。②

（三）海洋文化旅游产品开发不够

中国沿海地区海洋美食众多。游客所到之处，都能完全品尝和领略当地的海洋美食。但是却很难找到寓意深长、品位十足、触动心灵、回味无穷的海洋文化旅游纪念品。目前市场上海洋文化旅游纪念品设计单调，许多旅游纪念品就是把贝壳、海螺等海洋生物外壳直接售卖，或者将这些原材料加工成贝雕等初级工艺品进行售卖。但是这些设计没有考虑产品的实用性和美观性，缺乏创新，难

---

① 吴俊林：《关于文化旅游产业规划的思考》，《四川水泥》2019 年第 5 期。

② 范欣平：《海南省文化旅游业转型发展初探》，《经济师》2014 年第 7 期。

以迎合游客追求高层次海洋文化的消费心理。① 不仅如此，从海洋文化旅游产品的构成看，高层次的会展商务、科学考察、文化交流等旅游产品较少，消费水平高、附加值高的养生、医疗、保健等休闲度假衍生产品以及海上婚庆等高端产品明显不足。② 海洋文化产品与旅游的契合度低，文化产业没有将客源转化为经济效益，如舟山普陀山的佛教文化开发相对完善，其他海洋旅游区虽已尝试与文化融合，但程度低，文化内涵停留在表象，不能满足游客深入了解海洋文化的需求。③

（四）文化旅游管理与经营存在一定的问题

海洋文化旅游业在发展过程中存在一些问题，既有管理方面的，也有经营方面的。文化旅游管理涉及海洋、文化、旅游、工商、法律等多个管理机构，导致相互之间分工不明确、多头管理、效率低下。④ 例如，海南的海洋旅游服务质量标准没有统一，更没有统一的考核体系，发展海洋旅游缺少海洋旅游专项规划。⑤ 福建自贸区闽台海洋旅游合作方面的管理职责由福建旅游局等部门承担，但由于管理权有限、经验又较少，已有部门很难自上而下地对相关旅游活动和产品进行策划、营销、管理；另外还存在盲目开发海洋旅游项目，无序、无度开发无居民岛屿，“杀鸡取卵”式地大量挖取、销售洁净的海沙等问题。⑥ 海洋旅游资源也存在污染的问

① 王先昌、叶佩玲、周科律：《湛江海洋文化与旅游纪念品的融合设计研究》，《设计》2018 年第 19 期。

② 柳宾：《青岛市海洋文化旅游发展对策研究》，《决策咨询》2020 年第 3 期。

③ 丁六申、马丽卿：《新常态下舟山海洋旅游业发展策略探索》，《江苏商论》2019 年第 1 期。

④ 吴俊林：《关于文化旅游产业规划的思考》，《四川水泥》2019 年第 5 期。

⑤ 常晓芳：《海南自贸区海洋旅游发展问题及创新路径》，《中国集体经济》2020 年第 24 期。

⑥ 李宝轩、赵莹、许智富：《福建自贸区闽台海洋旅游深度合作实践现存问题及创新思路》，《通化师范学院学报》2019 年第 5 期。

题，集中体现在历史遗迹污染、自然资源污染及文化资源污染方面。[①]

（五）海洋有害生物对游客造成了侵害

海洋中有毒的动物多达1000多种，例如鱼类、腔肠动物等。其中不乏凶猛且具有攻击性的海洋生物，如鲨鱼、鲸鱼、鳖鱼、海蜇等，在一些海域进行旅游活动如游泳、潜水等都有可能遭到海洋生物的袭击，很可能造成人身伤害。[②] 根据研究，海蜇蜇伤在中国环渤海、黄海海域频发，河北秦皇岛市、山东威海市报道病例最多，男女比例为1.63∶1，病死率达2.7%。蜇伤部位以四肢最为多见，尽管整体病死率较低，但病情重者可能会并发心肺肾等多器官功能损害。[③] 这些有害的海洋生物对开发海洋文化旅游会产生了一定的影响。

（六）海洋文化旅游高级人才比较匮乏

缺少旅游专业人才也是制约海洋文化旅游发展的一个问题。例如随着舟山市入境旅游的高速发展，外国游客量逐年增长，而旅游专业人才尤其是配备外国语言文化素养的专业人才匮乏，成为舟山群岛向国际性旅游岛屿转变进程中的一大难题，直接制约旅游服务

---

① 于丽：《海洋旅游资源的开发问题及应对措施探讨》，载《第三届海洋开发与管理学术年会论文集》，海洋出版社，2019，第139～144页。

② 纪晓曦、黄安民、金艳方、王丽霞：《我国海洋体育旅游安全管理现状与对策研究》，《中国海洋大学学报》（社会科学版）2019年第4期。

③ 刘晶、孙茹茹、袁超超、路晓光、王丹、王传林、陈庆军、朴丰源、康新：《1995—2020年中国海蜇蜇伤病例的文献分析》，载《2020中国动物致伤诊治高峰论坛论文汇编 中国医学救援协会动物伤害救治分会会议论文集》，2020，第61页。知网中国会议论文数据库，https://kns.cnki.net/kcms/detail/detail.aspx?dbcode=CPFD&dbname=CPFDLAST2020&filename=DWJZ202009001035&v=z4KkBgGUdW6x%25mmd2BRuGUOWleRc8cpu6Dz4NqDm4NbYmn8qThyfl9Plnjp8ZqXWewiruFE53sd8NBm0%3d，最后访问日期：2021年4月30日。

质量和旅游业的发展质量。①

四　海洋文化旅游业发展的对策

（一）做好海洋文化旅游业发展规划

海洋文化旅游业的发展应该规划先行。沿海各地应该结合本地海洋文化与旅游资源的实际情况，制定海洋文化旅游业发展规划。例如，深圳市发布了《深圳市海洋文化旅游发展专项规划（2021—2025）（征求意见稿）》，该征求意见稿从发展基础与发展环境、总体要求和发展目标、主要任务和政策保障等四个方面内容进行了规划和论证。② 通过制定发展规划，对本地自然资源条件、海洋文化种类、海洋旅游基础设施、海洋旅游竞争力等基础条件进行梳理，明确发展机遇、指导思想、发展目标和战略步骤，从而对当地的海洋文化旅游业进行顶层设计。

（二）打造海洋文化旅游特色产品

树立具有本土特色和世界特色的理念，抢救、保护和振兴本土传统文化旅游资源。找准本土海洋文化资源优势所在，保护性开发具有原生态的传统海洋特色文化旅游，让本土海洋特色文化成为海洋文化旅游的“根”和“魂”。例如，山东省的盐圣夙沙氏早在远古时候就发明了“煮海为盐”，被后人尊称为盐圣、盐宗，也成为山东省乃至全国海洋文化的一个重要特色资源，并享誉全世界。“山东在韩国丽水世博会上将盐圣夙沙氏正式向全世界推出，引起

---

① 金艳：《“一带一路”背景下舟山群岛旅游产业链发展研究》，《江苏商论》2020 年第 6 期。

②《深圳市文化广电旅游体育局关于〈深圳市海洋文化旅游发展专项规划（2021—2025）（征求意见稿）〉听证会的公告》，深圳市文化广电旅游体育局网站，http://wtl.sz.gov.cn/gkmlpt/content/8/8156/post_8156708.html#3458，最后访问日期：2021 年 1 月 22 日。

了普遍关注。”[①] 应该认真推荐和宣传盐圣夙沙氏的历史故事，使之家喻户晓。在全世界范围内开展海洋盐业开发源头的寻根之旅，以创造相应的品牌文化和巨大的社会效益，提升当地海洋文化旅游的知名度。在对本土海洋非物质文化遗产的开发利用中，应该充分考量非物质文化遗产的社会效益，追求经济效益首先要服从遗产文化人文精神和人文理念弘扬的目标。[②]

打造海洋文化旅游特色产品。弘扬海洋文化主题，拓展海底、海面、海上、海岛、滩涂、潮间带等空间载体，依托海洋自然资源、海洋人文资源、海洋科技资源和海洋企业资源，运用人工智能、大数据、5G、AR/VR、4K/8K、App 等新一代信息和人工智能前沿技术工具，研发海洋视听节目、海洋休闲娱乐、海洋节庆活动、海洋手机游戏、海洋健康之旅、海洋体育活动与赛事，以及海洋历史文化遗迹展出、海洋博物馆、海洋艺术馆、海洋科普馆、海洋艺术表演、海洋音乐会等多种海洋文化旅游产品，培植海洋文化旅游品牌。

（三）数字赋能海洋文化旅游业

“随着 5G、人工智能、工业互联网等新技术发展，各行各业的数据体量将呈现新一轮爆炸式增长。围绕数据采集和数据清洗、整理等的相关服务也随之蓬勃发展。数据治理包括数据采集、清洗、交换共享、分析等多个环节，其治理的水平直接影响到业务的有效开展。”[③] 对于沿海地区来说，要建设海洋文化旅游信息服务平台；要充分认识数据的重要性，提高数据的获取数量和精准程度；建立纵向的各级基础数据分级动态体系，强化数据多维度校验和溯源机

① 李乃胜、胡建廷、马玉鑫、孙晓春、马健：《试论“盐圣”夙沙氏的历史地位和作用》，《太平洋学报》2013 年第 3 期。

② 张博、程圩：《文化旅游视野下的非物质文化遗产保护》，《人文地理》2008 年第 1 期。

③ 林仁状：《数字赋能浙江文旅发展对策研究》，《今日科技》2020 年第 11 期。

制，提升基础数据精准度、多数源管理及追溯能力；建立横向的与文化旅游紧密相关的同级部门数据协同共享体系，拓宽共享数据维度，提升共享数据质量。①

（四）加强海洋文化旅游业管理

负责海洋文化旅游管理的相关部门要提高管理水平，增强管理人员的服务意识。海洋文化旅游管理部门应制定完善的管理制度，奖优罚劣，奖勤罚懒，形成良好的管理氛围，激励从业人员积极工作，努力提高服务水平。从业人员要以真诚和友善的态度服务于游客，使游客在整个旅游过程中，既感受到海洋文化的魅力，又获得旅游所带来的身体放松、内心快乐和精神愉悦的享受。

（五）注重海洋文化旅游业人才培养

海洋文化旅游业要想发展得好，海洋文化旅游人才是关键因素之一。加大对海洋文化旅游专业化人才的培养力度，一是采取校企合作的方式开展旅游人才培养，通过在校学习海洋文化知识、旅游业发展基本理论和旅游服务技能，使旅游从业者快速掌握在海洋文化旅游服务过程中所需要的相关知识和技能，从而达到较好地为游客服务的目的；二是采取在岗培训的方式，由有经验的员工进行传、帮、带，帮助新入职的员工尽快掌握海洋文化旅游服务的基本知识和基本技能。

① 林仁状：《数字赋能浙江文旅发展对策研究》，《今日科技》2020 年第 11 期。

Study on the High Quality Development of Marine Cultural Tourism

Guo Shaojing[1,2]

(1. *Marine Science Research Institute of Shandong Province, Qingdao, Shandong, 266100, P. R. China;*

2. *Qingdao National Marine Science Research Center, Qingdao, Shandong, 266071, P. R. China*)

Abstract: Marine cultural tourism refers to the tourism activities that make full use of the Marine cultural landscape and Marine space of the tourist destination, combined with the natural resources of the sea, so that tourists can enjoy the charm of the new Marine culture and get the pleasure of the spiritual level through the ways of personal experience, sightseeing and learning. At present, the overall tourism industry is greatly affected by the COVID-19 epidemic, traditional Marine cultural resources need to be protected, the development of Marine cultural tourism souvenirs is not enough, and the management efficiency of cultural tourism is low. Therefore, the following countermeasures should be taken: Make a good plan for the development of Marine culture and tourism; Create Marine cultural tourism characteristic products; Digital Enabling Marine Culture and Tourism; Strengthening management of Marine culture and tourism; Pay attention to the training of talents in Marine culture and tourism.

Keywords: Marine Culture; Cultural Tourism; Marine Cultural Landscape; Marine Space; Digital Enabling

（责任编辑：孙吉亭）

青岛市海洋经济绿色全要素生产率测度研究*

任文菡**

摘　要　本文通过构建方向性距离函数和GML指数将资源环境约束纳入研究框架中，对青岛市海洋经济绿色全要素生产率展开测度与优化研究。结果显示，无论是否考虑资源环境约束，其数值均偏低。这是由过度依赖要素投入推动的粗放型经济增长方式引致的。以2012年为时间节点，2012年以前，考虑资源环境约束的测度值明显小于不考虑资源环境约束的测度值，2012年以后该现象出现扭转。青岛市海洋经济绿色全要素生产率均值整体下降1%，其中绿色技术效率均值下降3%，而绿色技术进步均值增加2%。虽然技术进步对

* 本文为国家社会科学基金青年项目“我国海洋经济绿色技术进步适宜性评价与优化路径研究”（项目编号：20CJY022）、青岛市哲学社会科学规划项目“青岛市海洋经济绿色全要素生产率测度与优化研究”（项目编号：QDSKL 2001063）的阶段性成果。

** 任文菡（1992～），女，博士，通讯作者，青岛大学商学院特聘教授，主要研究领域为海洋经济可持续发展、经济与资源环境相互关系等。

青岛市海洋经济发展的积极作用是明显的，但仍不足以抵消技术效率下降对其的不利影响。

关键词　海洋经济　绿色全要素生产率　方向性距离函数　Global Malmquist - Luenberger 指数　环境约束

一　引言

步入 21 世纪以来，随着陆地资源的日渐枯竭和经济全球化，海洋经济逐渐引起沿海各国的高度重视。自 2002 年党的十六大报告提出“实施海洋开发”的任务以来，中国对海洋经济的重视程度越来越高，海洋强国理念不断深入。2004 年的《政府工作报告》、2006 年的《“十一五”规划纲要》、2009 年的《政府工作报告》和 2011 年的《“十二五”规划纲要》等文件显现出中国对海洋资源开发、海洋经济发展的认识在不断地深化和提升。党的十九大报告中进一步将“海洋强国建设”的表述由十八大报告中“大力推进生态文明建设”部分调整到“建设现代经济体系”部分进行阐述，表明海洋经济在海洋强国战略的重要性日益增强。

2018 年 3 月，第十三届全国人大一次会议在北京召开。其间，习近平总书记在参加山东代表团审议时特别指出“海洋是高质量发展战略要地。要加快建设世界一流的海洋港口、完善的现代海洋产业体系、绿色可持续的海洋生态环境，为海洋强国建设作出贡献”①。总书记的这番重要讲话不仅肯定了海洋在高质量发展中的核心地位，还对山东海洋经济的发展提出了更高层次的要求和未来的发展方向。作为山东经济发展的龙头城市和著名的海洋科技城，青

① 李子路、赵君：《用心领会感悟习近平总书记对山东发展殷切期望　全面开创新时代现代化强省建设新局面》，《大众日报》2018 年 3 月 9 日，第 2 版。

岛市海洋资源丰富、科技力量雄厚，在山东海洋事业发展中发挥着举足轻重的作用。

“高质量发展”一词最早是在第十九次全国代表大会上提出的，这是根据目前中国经济发展现状做出的科学判断，强调经济增长的重点不再是一味地追求数量上的增长，而是将关注点放在经济增长的质量和效益上来，以此促进经济的可持续发展。① 而对于如何实现高质量发展，党的十九大报告中指明了方向，实现经济高质量发展的关键要点在于转变新旧动能，即由原有的不可持续的旧动能向提升全要素生产率的可持续新动能转变。由此看来，提高全要素生产率是现阶段实现海洋经济高质量发展的必由之路。② 全要素生产率长期以来都是经济增长的核心动力，但是随着海洋经济的快速发展，伴随而来的一系列环境污染、资源浪费等问题严重影响了海洋经济的高质量发展。由于资源与环境不是无限制供应的，其存在一定的承载力，一旦超过资源环境承载力，负的外部性会越发明显，成为阻碍海洋经济增长的重要因素，并且此时市场的自动调节功能已经失效，如何缓解资源环境带来的危害，显得尤为迫切。换言之，想要得到有质量的经济增长，需要在维持较高产出的同时减少环境污染和资源浪费，以此才能更加科学、全面地研究海洋经济高质量发展的现实状况。而绿色全要素生产率（GTFP）作为生态文明视域下全要素生产率的崭新形态，是对传统海洋经济全要素生产率的拓展和提升，同时也代表着生产资源要素的节约使用以及生态环境的友好。③ 因此，提高绿色全要素生产率是实现青岛市海洋经济高质量发展的关键路径。在此背景下，深入研究青岛市海洋经济绿色

① 金碚：《关于“高质量发展”的经济学研究》，《中国工业经济》2018 年第 4 期。

② 郭庆旺、贾俊雪：《中国全要素生产率的估算：1979—2004》，《经济研究》2005 年第 6 期。

③ 盖美、展亚荣：《中国沿海省区海洋生态效率空间格局演化及影响因素分析》，《地理科学》2019 年第 4 期。

全要素生产率与国家发展理念高度契合，具有非常重要的意义。

近年来，随着环境污染和资源浪费等问题的出现，国内外学者开始将研究目光向绿色全要素生产率转移，并取得了较为丰硕的成果。国外对绿色全要素生产率的测度研究起步较早，1983 年 Pittman 首次将非期望产出纳入效率测度框架中。[①] 此后，该模型越来越受到学者们的青睐。Hailu 和 Veeman 从投入端角度考虑污染治理费用，并据此研究加拿大造纸行业的绿色全要素生产率。[②] Jeon 和 Sickles 在研究 1980～1990 年经济合作与发展组织（OECD）和亚洲国家的全要素生产率时，分别使用 Malmquist 指数和 Malmquist - Luenberger指数（以下简称“ML 指数”）进行对比，研究发现，考虑环境约束的 ML 指数对亚洲国家的影响较大。[③] 国内对绿色全要素生产率的研究起步较晚，但发展迅速。胡鞍钢等人通过方向性距离函数，研究中国 1999～2005 年 28 个省份的技术效率问题，实证结果显示，考虑环境因素与忽视环境因素测算的技术效率排名差距较大。[④] 在此基础上，吴军、涂正革和肖耿也对考虑资源环境约束的中国工业全要素生产率进行重新测度。[⑤] 李静为提高计算的精确性，借助松弛变量的 SBM 方向性距离函数，将废水、废气、固体废弃物作为非期望产出，对各省份的绿色全要素生产率进行测度，研究结

① R. W. Pittman, “Multilateral Productivity Comparisons with Undesirable Outputs,” *The Economic Journal* 93 (1983): 883 - 891.

② A. Hailu, T. S. Veeman, “Non-Parametric Productivity Analysis with Undesirable Outputs: An Application to the Canadian Pulp and Paper Industry,” *American Journal of Agricultural Economics* 83 (2001): 605 - 616.

③ B. M. Jeon, R. C. Sickles, “The Role of Environmental Factors in Growth Accounting,” *Journal of Applied Econometrics* 19 (2004): 567 - 591.

④ 胡鞍钢、郑京海、高宇宁、张宁、许海萍：《考虑环境因素的省级技术效率排名（1999—2005)》，《经济学》（季刊）2008 年第 3 期。

⑤ 吴军：《环境约束下中国地区工业全要素生产率增长及收敛分析》，《数量经济技术经济研究》2009 年第 11 期；涂正革、肖耿：《环境约束下的中国工业增长模式研究》，《世界经济》2009 年第 11 期。

果也证实了忽略环境约束会高估技术效率。[①] 李胜文等人则基于投入视角将环境污染纳入测算框架，分别从静态和动态两个方面研究中国 30 个省份的效率值并对其进行分解。[②] 在对非期望产出指标的选取上，杨龙和胡晓珍为改进单一指标的缺陷，创新性地选取了 6 种环境污染指标，然后通过熵值法将这些指标进行合并，最终得到一个综合指标，力求科学精确地测算中国 29 个省份的绿色技术效率。[③] 杨恺钧等人克服了传统方向性距离函数忽视松弛变量的不足，重新测度了长江经济带物流业的环境效率。[④] 张红和刘少华在对中国 29 个省份 2000 ~ 2015 年的绿色全要素生产率进行重新测度的基础上，又从空间相关性角度对其进行研究。[⑤] 而对于海洋领域的研究，起初多侧重于对某一特定海洋产业的全要素生产率进行分析，主要涉及海洋捕捞业、海洋运输业等。[⑥] 随后，学者们才开始从省

---

① 李静：《中国区域环境效率的差异与影响因素研究》，《南方经济》2009 年第 12 期。

② 李胜文、李新春、杨学儒：《中国的环境效率与环境管制——基于 1986—2007 年省级水平的估算》，《财经研究》2010 年第 2 期。

③ 杨龙、胡晓珍：《基于 DEA 的中国绿色经济效率地区差异与收敛分析》，《经济学家》2010 年第 2 期。

④ 杨恺钧、毛博伟、胡菡：《长江经济带物流业全要素能源效率——基于包含碳排放的 SBM 与 GML 指数模型》，《北京理工大学学报》（社会科学版）2016 年第 6 期。

⑤ 张红、刘少华：《我国省际绿色全要素生产率测度研究》，《西部金融》2017 年第 10 期。

⑥ D. Tingley, S. Pascoe, L. Coglan, "Factors Affecting Technical Efficiency in Fisheries: Stochastic Production Frontier Versus Data Envelopment Analysis Approaches," *Fisheries Research* 73 (2005): 363 – 376; C. D. Maravelias, E. V. Tsitsika, "Economic Efficiency Analysis and Fleet Capacity Assessment in Mediterranean Fisheries," *Fisheries Research* 93 (2008): 85 – 91; A. R. Jamnia, S. M. Mazloumzadeh, A. A. Keikha, "Estimate the Technical Efficiency of Fishing Vessels Operating in Chabahar Region, Southern Iran," *Journal of the Saudi Society of Agricultural Sciences* 14 (2015): 26 – 32; P. F. Wanke, "Physical Infrastructure and Shipment Consolidation Efficiency Drivers in Brazilian Ports: A Two-stage Network-DEA Approach," *Transport Policy* 29 (2013): 145 – 153.

际视角对中国沿海地区海洋经济整体效率进行分析和评价。① 例如，苑清敏等人将资源投入和非期望产出纳入生产率分析框架中，通过SBM测度方法研究中国海洋经济发展问题②；丁黎黎等人又基于政府治理行为视角重新评估了海洋经济绿色生产率③；赵昕等人应用NSBM - Malmquist模型分别从一维和二维视角研究中国沿海地区海洋经济绿色效率的时空演变趋势④。

综上，现有研究在工业等领域已得到较多展开，但对海洋领域的研究不多，其中有针对性地研究青岛市海洋经济的更是少之又少，难以满足青岛市海洋经济高质量发展新形势的需要，且这些研究较为零散，缺乏从小尺度层面对青岛市海洋经济绿色全要素生产率的全面深入研究。与此同时，现阶段海洋经济绿色全要素生产率核算体系的投入产出指标过于生搬硬套，未紧密结合海洋经济特点。在投入方面，很多研究只考虑了海洋资本、劳动等传统要素的投入，忽视了海洋资源禀赋依赖性较强的特点；在产出方面，对于海洋非期望产出的选择，很多文献仅选择工业废水入海量来代替，这一做法显然也并不科学和全面。在此背景下，本文紧密结合青岛市海洋经济的特点以及高质量发展的内在要求，通过构建方向性距离函数和Global Malmquist - Luenberger指数（以下简称“GML指数”）将资源环境约束纳入研究框架中，对青岛市海洋经济绿色全要素生产率展开测度与优化研究，这不仅有利于厘清青岛市海洋经济发展现状，同时还能更好地把握现阶段青岛市海洋经济发展质

---

① 戴彬、金刚、韩明芳：《中国沿海地区海洋科技全要素生产率时空格局演变及影响因素》，《地理研究》2015年第2期；韩增林、王晓辰、彭飞：《中国海洋经济全要素生产率动态分析及预测》，《地理与地理信息科学》2019年第1期。

② 苑清敏、张文龙、冯冬：《资源环境约束下我国海洋经济效率变化及生产效率变化分析》，《经济经纬》2016年第3期。

③ 丁黎黎、郑海红、王伟：《基于改进RAM - Undesirable模型的我国海洋经济生产率的测度及分析》，《中央财经大学学报》2017年第9期。

④ 赵昕、赵锐、陈镐：《基于NSBM - Malmquist模型的中国海洋绿色经济效率时空格局演变分析》，《海洋环境科学》2018年第2期。

量，加快青岛市海洋经济走上高质量发展的道路。

二 研究方法

（一）考虑环境约束的方向性距离函数模型

假设存在 N 个决策单元，其中每个决策单元都涵盖了 X 个要素投入 $x=(x_1,x_2,\cdots,x_X)\in R_+^X$。每个决策单元在生产过程中不仅会产生 Y 种期望产出 $y=(y_1,y_2,\cdots,y_Y)\in R_+^Y$，同时还会带来 Z 种非期望产出 $b=(b_1,b_2,\cdots,b_Z)\in R_+^Z$。此时，不同时期 $t=1,2,\cdots,T$ 的生产可能性集合都可以根据 N 个决策单元的投入产出组合进行表示，即 $P^t(x^t)=\{(y^t,b^t)\mid x^t$ 可以生产$(y^t,b^t)\}$。

基于此，Chung 等进一步设置了三个假设：一是期望产出强可处置；二是非期望产出弱可处置；三是在不同时期的生产可能性集合内，当非期望产出出现零值时，此时的期望产出也是零。① 那么，用来综合考量环境污染带来的“坏”产出影响的方向性距离函数可以表示为式（1），即：

$$\vec{D}_o(x,y,b;g)=\sup\{\beta:(y,b)+\beta g\in P(x)\} \tag{1}$$

其中，$g=(y,-b)$，用来表示方向向量。

如图 1 所示，此时生产可能性集合 $P(x)$ 内存在一点 A，如果以传统距离函数进行衡量，想要达到最优点 B，必须保证期望产出与非期望产出同比例增加 OB/OA 倍，此时 OA/OB 为当前的投入型距离函数值；而如果以方向性距离函数进行评价，此时的最优点为 C 点，两者的关系具体可以通过如下模型进行衡量：

$$D_o(x,y,b)=1/[1+\vec{D}_o(x,y,b;y,b)] \tag{2}$$

① Y. H. Chung, R. Fare, S. Grosskopf, "Productivity and Undesirable Outputs: A Directional Distance Function Approach," *Journal of Environmental Management* 51 (1997): 229-240.

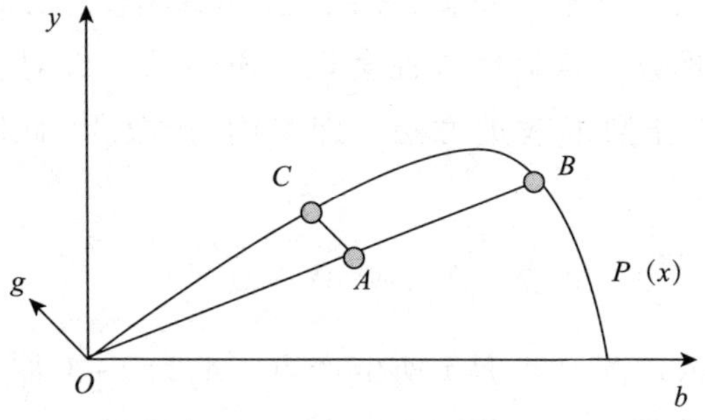

图 1　距离函数示意

据此，我们可以得到更加优化的 ML 指数，该指数具体表示为：

$$
\begin{aligned}
ML_t^{t+1} &= (ML^t \times ML^{t+1})^{1/2} \\
&= \left[\frac{1+\vec{D}_o^t(x^t,y^t,b^t;y^t,-b^t)}{1+\vec{D}_o^t(x^{t+1},y^{t+1},b^{t+1};y^{t+1},-b^{t+1})} \times \frac{1+\vec{D}_o^{t+1}(x^t,y^t,b^t;y^t,-b^t)}{1+\vec{D}_o^{t+1}(x^{t+1},y^{t+1},b^{t+1};y^{t+1},-b^{t+1})}\right]^{1/2} \\
&= \frac{1+\vec{D}_o^t(x^t,y^t,b^t;y^t,-b^t)}{1+\vec{D}_o^{t+1}(x^{t+1},y^{t+1},b^{t+1};y^{t+1},-b^{t+1})} \times \left[\frac{1+\vec{D}_o^{t+1}(x^t,y^t,b^t;y^t,-b^t)}{1+\vec{D}_o^t(x^t,y^t,b^t;y^t,-b^t)} \times \right. \\
&\quad \left. \frac{1+\vec{D}_o^{t+1}(x^{t+1},y^{t+1},b^{t+1};y^{t+1},-b^{t+1})}{1+\vec{D}_o^t(x^{t+1},y^{t+1},b^{t+1};y^{t+1},-b^{t+1})}\right]^{1/2} \\
&= MLEC_t^{t+1} \times MLTC_t^{t+1}
\end{aligned} \tag{3}
$$

通过式（3）可以将 ML 指数进一步分解，分解后的 ML 指数由全新的两个指数表示，即技术效率指数（*MLEC*）和技术进步指数（*MLTC*）。此时，如果计算得出的 ML 指数值 >1，即为生产率增长。同理，当 *MLEC* 和 *MLTC* 大于 1 时，分别代表着技术效率改善以及技术进步。

（二）GML 指数的构建

虽然上述方法可以很好地比较时间截面上不同区域的全要素生产率，但是该指数在计算过程中是通过 2 个当期 ML 指数的几何平均形式求得，如果遇到跨期方向性距离函数，求解的过程会面临潜在的线性规划无解的难题。同时，通过几何平均形式表示的 ML 指数无法循环累加，也不具备传递性，会导致测度中出现大范围、严重的技术衰退现象，这显然与社会现实不一致。针对上述问题，Oh进一步提出ML指数的改进方法，即GML指数。① 此时的生产可能集可以表示为：

$$P^G = P^1 \cup P^2 \cup \cdots \cup P^T \tag{4}$$

如图2所示，假设A_1是t期生产点，A_2为$t+1$期生产点。GML指数模型不同时期的唯一共同生产前沿面是借助样本对象当中所有投入产出数据构造的全局生产技术集来实现的。这样做的优点是：一来可以有效规避径向DEA高估评价对象效率的弊端；二来可以解决求解过程中线性规划无解的难题，并且该指数可累加、可循环。具体模型可以表示为：

$$\begin{aligned} GML_t^{t+1} &= \frac{1+\vec{D}_o^G(x^t,y^t,b^t;y^t,-b^t)}{1+\vec{D}_o^G(x^{t+1},y^{t+1},b^{t+1};y^{t+1},-b^{t+1})} \\ &= \frac{1+\vec{D}_o^t(x^t,y^t,b^t;y^t,-b^t)}{1+\vec{D}_o^{t+1}(x^{t+1},y^{t+1},b^{t+1};y^{t+1},-b^{t+1})} \times \\ & \frac{[1+\vec{D}_o^G(x^t,y^t,b^t;y^t,-b^t)]/[1+\vec{D}_o^t(x^t,y^t,b^t;y^t,-b^t)]}{[1+\vec{D}_o^G(x^{t+1},y^{t+1},b^{t+1};y^{t+1},-b^{t+1})]/[1+\vec{D}_o^{t+1}(x^{t+1},y^{t+1},b^{t+1};y^{t+1},-b^{t+1})]} \\ &= GMLEC_t^{t+1} \times GMLTC_t^{t+1} \end{aligned} \tag{5}$$

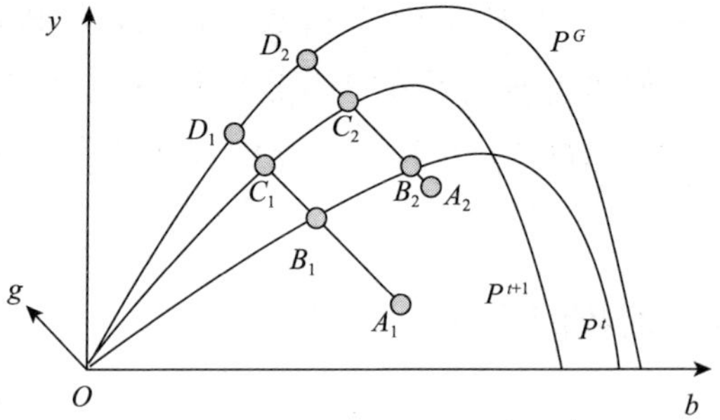

图2 Global Malmquist - Luenberger 指数示意

① D. H. Oh, "A Global Malmquist - Luenberger Productivity Index," *Journal of Productivity Analysis* 34 (2010): 183 - 197.

当期距离函数与全局距离函数可用如下两个公式计算获得：

$$\vec{D}_o^s(x_0^s, y_0^s, b_0^s; y_0^s, -b_0^s) = \max\beta$$

$$\text{s. t.}\begin{cases}\sum_{n=1}^{N} z_n^s y_{nm}^s \geq (1+\beta) y_{0m}^s, m = 1, \cdots, M \\ \sum_{n=1}^{N} z_n^s b_{ni}^s \geq (1-\beta) b_{0i}^s, i = 1, \cdots, I \\ \sum_{n=1}^{N} z_n^s x_{nk}^s \geq x_{0k}^s, k = 1, \cdots, K \\ z_n^s \geq 0, n = 1, \cdots, N\end{cases} \tag{6}$$

$$\vec{D}_o^G(x_0^s, y_0^s, b_0^s; y_0^s, -b_0^s) = \max\beta$$

$$\text{s. t.}\begin{cases}\sum_{n=1}^{N}\sum_{t=1}^{T} z_n^t y_{nm}^t \geq (1+\beta) y_{0m}^s, m = 1, \cdots, M \\ \sum_{n=1}^{N}\sum_{t=1}^{T} z_n^t b_{ni}^t \geq (1-\beta) b_{0i}^s, i = 1, \cdots, I \\ \sum_{n=1}^{N}\sum_{t=1}^{T} z_n^t x_{nk}^t \geq x_{0k}^s, k = 1, \cdots, K \\ z_n^s \geq 0, n = 1, \cdots, N\end{cases} \tag{7}$$

其中，s 可分别选 t 及 $t+1$ 期，代表不同的距离函数；z 为权重向量。通过上述一系列的公式推导不难发现，如同 ML 指数一样，GML 指数也可以进一步进行分解，而分解后也包含了两个指数，分别是绿色技术效率和绿色技术进步。

三　评价指标与数据来源

海洋经济复杂多变，在对其进行要素投入时，不仅会产生“好”的产出，还会产生“坏”的环境产出。因此，在研究青岛市海洋经济绿色全要素生产率时，如果仅仅按照传统思路只考虑资本和劳动显然是不符合其现实发展的。在构建整个评价指标时，需要结合海洋经济的特点、综合多个要素间的关系进行选择。据此，本文在参考其他学者研究内容的基础上，综合考量指标数据的代表性、可获取性以及科学性，投入指标选取了人均海洋科技经费支出、涉海从业人员数①、生产用码头长度以及星级饭店数。值得一提的是，海洋经济与陆域经济不同，其最大的特点是对资源的高度依赖，以及海洋资源的有限性，这就需要在选择投入产出指标时应当将资源要素纳入考量范围。有关海洋资源投入指标的选择，学者们大多选择港口货物吞吐量、海水养殖产量、星级饭店数、港口数量等。考虑到青岛市海洋相关数据的可获取性，本文最终选择了生产用码头长度以及星级饭店数作为海洋资源投入要素。在产出端，本文不仅考虑了海洋经济增长带来的期望产出，同时兼顾了环境污染带来的非期望产出。其中，期望产出选取了海洋生产总值表示。②而对于非期望产出指标，本文在充分考虑青岛市海洋经济自身发展的特殊性、现状以及数据的可得性基础上，沿袭了臧传琴和张菡的做法③，选取海洋废水、海洋废气和海洋固体废弃物排放量表示。由于现有的统计年鉴仅记录了工业“三废”排放量，而对于海洋产业“三废”排放量并没有涉及。对此，本文参考和借鉴了纪玉俊和张彦彦的做法④，对工业“三废”排放量的数据进行了处理。调整后的海洋产业“三废”排放量等于海洋生产总值与地区生产总值的比值乘以工业“三废”排放量。将得到的海洋产业“三废”排放量，用熵值法将三项指标综合成为一项环境污染综合指标 h，该指标越大，说明海洋环境污染越严重。⑤

---

① 陈娟：《全要素生产率对中国经济增长方式的实证研究》，《数理统计与管理》2009 年第 2 期。

② 李兰兰、诸克军、郭海湘：《中国各省市科技进步贡献率测算的实证研究》，《中国人口·资源与环境》2011 年第 4 期。

③ 臧传琴、张菡：《环境规制技术创新效应的空间差异——基于 2000—2013 年中国面板数据的实证分析》，《宏观经济研究》2015 年第 11 期。

④ 纪玉俊、张彦彦：《我国区域海洋经济发展的效率评价研究——基于 SBM 模型和 Malmquist - Luenberger 指数的实证分析》，《广东海洋大学学报》2016 年第 2 期。

⑤ 陈占锋、刘通凡、殷方超、郭彩云：《中国区域碳强度目标设定的情景分析——以北京市为例》，《北京理工大学学报》（社会科学版）2013 年第 5 期。

四　青岛市海洋经济绿色全要素生产率测度结果分析

基于现有可获得的数据以及学者们的研究成果，本文在投入端不仅将资本、劳动等传统生产要素考虑进来，同时创新性地将海洋资源纳入测度框架中；在产出端不仅考虑了海洋经济增长带来的“好”产出，同时兼顾了环境污染带来的“坏”产出。据此，利用GML指数并借助Matlab R2016b软件对青岛市2010～2016年海洋经济绿色全要素生产率进行测度，并进一步对其进行分解，判断其变动的根源。

表1展示了青岛市2010～2016年考虑和不考虑资源环境约束时的海洋经济全要素生产率，通过对比不难发现，整体上不论是否考虑资源环境约束，计算得到的数值均偏低。这在一定程度上说明目前青岛市海洋经济的发展主要还是依赖传统投入要素的带动，较少依靠科技创新、提升效率等方式拉动，这种相对粗放的经济增长方式在促进青岛市海洋经济增长的同时，不可避免地带来环境污染等一系列问题。这也在一定程度上提醒我们：海洋经济的发展不能只关注经济数量上的增长，还要重视其质量的发展。目前青岛市海洋经济出现的资源浪费和环境污染等一系列问题，主要是过度依赖要素投入推动的粗放型经济增长方式引致的，转变海洋经济增长方式就是要由过去对要素投入的依赖向提升绿色全要素生产率转变。依此来看，青岛市海洋经济绿色全要素生产率在整体上还存在很大的上升空间。此外，从均值来看，考虑资源环境约束的测度值明显小于不考虑资源环境约束的测度值，这也说明在分析青岛市海洋经济全要素生产率时如果忽视资源的刚性约束与环境负效应，会导致结论失真，而且也与追求海洋经济高质量发展的目标相悖。

表 1　青岛市 2010～2016 年考虑和不考虑资源环境约束的海洋经济绿色全要素生产率对比

年份	是否考虑资源环境约束	GTFP
2010～2011	不考虑	1.0114
	考虑	0.9057
2011～2012	不考虑	1.0218
	考虑	0.9429
2012～2013	不考虑	0.9981
	考虑	1.0023
2013～2014	不考虑	0.9819
	考虑	1.0212
2014～2015	不考虑	0.9915
	考虑	1.0325
2015～2016	不考虑	0.9996
	考虑	1.0399
平均	不考虑	1.0007
	考虑	0.9908

从时间层面来看，以 2012 年为一个时间节点，2012 年以前，考虑资源环境约束的测度值明显小于不考虑资源环境约束的测度值。出现这一现象的主要原因可能是该样本期内青岛市海洋经济的发展仍然是重中之重，在低水平生产扩张的过程中，技术和技能的匹配度下降，在一定程度上造成了资源浪费和环境污染。但在 2012 年以后，该现象出现了扭转，考虑资源环境约束的测度值反超不考虑资源环境约束的测度值，出现这一现象说明该段时间内青岛市海洋经济绿色全要素生产率得到改进，其原因在于 2012 年国家层面正式提出海洋强国战略，并将发展海洋经济作为海洋强国战略的实现路径，自此以后青岛市政府先后制定相应政策响应国家战略，使得海洋环境有所改善，这也足以证明海洋经济的发展与国家政策的实施息息相关。另外，绿色全要素生产率的提高离不开前期的投资积

累，虽然就目前来看青岛市的涉海高校及科研院所逐步配套完善，海洋科研力量正在逐步加强，但前期的准备过程避免不了大量的人力、物力等传统要素的投入，由于时间滞后作用，绿色全要素生产率的增长需要很长时间才能释放。本文的实证结果也证实了这一观点，青岛市绿色全要素生产率从 2010 年的 0.9057 逐年上升，到 2016 年达到 1.0399。

图 3 反映了 2010 ~2016 年 GTFP 及其分解指数的变化。三项指标测算结果表明，与不考虑资源环境约束相比，考虑资源环境约束的青岛市海洋经济绿色全要素生产率均值整体下降了 1%，其中，绿色技术效率均值下降了 3%，绿色技术进步均值增加了 2%。虽然技术进步对青岛市海洋经济发展的积极作用是明显的，但仍不足以抵消技术效率下降对其的影响。① 另外，值得一提的是，样本期内青岛市海洋经济绿色技术进步与绿色技术效率均呈现波动上升态势，且两个指标的变化轨迹呈现相反趋势。

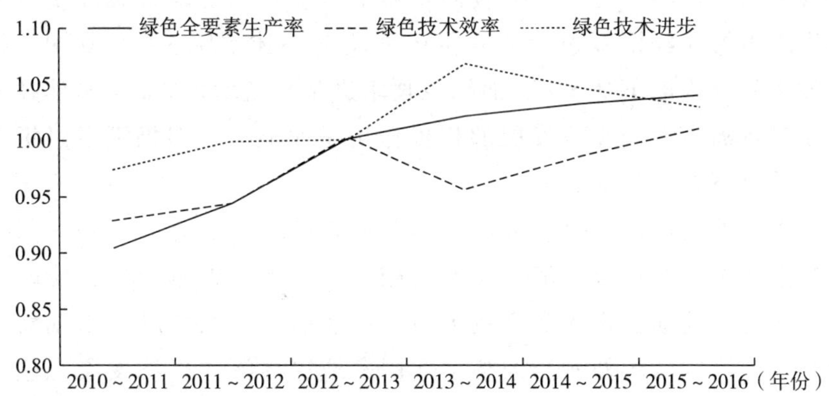

图 3　2010 ~2016 年青岛市海洋经济绿色全要素生产率变化及其分解指数情况

---

① W. H. Ren, Q. Zeng, "Is the Green Technological Progress Bias of Mariculture Suitable for Its Factor Endowment? —Empirical Results from 10 Coastal Provinces and Cities in China," *Marine Policy* 124 (2021): 104338.

五　结论与政策建议

本文紧密结合青岛市海洋经济的特点以及高质量发展的内在要求，通过构建方向性距离函数和 GML 指数将资源环境约束纳入研究框架中，对青岛市海洋经济绿色全要素生产率展开测度与优化研究。结果显示：整体上不论是否考虑资源环境约束，计算得到的数值均偏低。这在一定程度上说明目前青岛市海洋经济的发展还是主要依赖传统投入要素的带动，较少依靠科技创新、提升效率等方式拉动，这种相对粗放的经济增长方式在促进青岛市海洋经济增长的同时不可避免地带来环境污染等一系列问题。这也在一定程度上提醒我们：海洋经济的发展不能只关注经济数量的增长，还要重视其质量的发展。以 2012 年为时间节点，2012 年以前，考虑资源环境约束的测度值明显小于不考虑资源环境约束的测度值，2012 年以后该现象出现扭转。与不考虑资源环境约束相比，考虑资源环境约束时青岛市海洋经济绿色全要素生产率均值整体下降 1%，其中，绿色技术效率均值下降 3%，而绿色技术进步均值增加 2%。虽然技术进步对青岛市海洋经济发展的积极作用是明显的，但仍不足以抵消技术效率下降对其的影响。

本文的实证结果对政策制定具有一定的现实意义。一是提高投入产出效率，注重企业清洁技术及减排技术的扶持和引导，使政府对海洋经济的绿色投入实现更大效益。政府在加大鼓励技术创新的同时，应注重向国外海洋经济发达国家或国内海洋经济发展先进省市学习和借鉴，通过国际以及省际合作提升青岛市海洋经济投入产出效率。二是争取国家支持，加强高等教育体系中海洋相关专业建设，加大对外界科研团队的引进力度，广泛吸收大批海洋专业高精尖人才会聚于此、共同协作，促进“产—学—研”合作模式，加快海洋科研成果转化。

Research on the Green Total Factor Productivity of Marine Economy in Qingdao

Ren Wenhan

(Business School, Qingdao University, Qingdao, Shandong, 266071, P. R. China.)

Abstract: This paper incorporates resource and environmental constraints into the research framework by constructing the directional distance function and Global Malmquist – Luenberger Index, and measures the green total factor productivity of marine economy in Qingdao. The results indicate that regardless of whether resource and environmental constraints are considered, the calculated value is low. This is due to the extensive economic growth mode driven by excessive reliance on factor inputs. Taking 2012 as the time node, before 2012, the measurement value considering the resource and environmental constraints was obviously smaller than that without considering the resource and environmental constraints. However, after 2012, the phenomenon has been reversed. The average green total factor productivity of marine economy in Qingdao decreased by 1%, the average green technical efficiency decreased by 3%, while the average green technical progress increased by 2%. Although the positive effect of technical progress on the development of marine economy in Qingdao is obvious, it is still not enough to offset the negative impact of the decline in technical efficiency.

Keywords: Marine Economy; Green Total Factor Productivity; Directional Distance Function; Global Malmquist – Luenberger Index; Environmental Constraint

（责任编辑：孙吉亭）

韩国海洋经济发展现状、战略动向以及中国的应对策略*

邢文秀　刘大海**

摘　要　韩国十分重视海洋开发与利用，将海洋经济作为经济增长、产业升级的新引擎，旨在建设“全球海洋强国”。海洋发展环境变化叠加新冠肺炎疫情防控下的国内外形势变化，促使韩国近年来做出诸多政策变革，多途径多策略谋划产业强化和增长维持，寻求未来发展路径。本文在梳理韩国海洋行政推进机制的基础上，系统分析韩国主要海洋产业发展现状与政策趋势，结合韩国整体经济形势与国际环境变化，判断其海洋经济主要战略动向，并进一步从产业结构、创新驱动、绿色发展和对外开放等方面提出中国的应对策略，为中国海洋经济发展与对外合作政策制定提供有益借鉴和参考。

关键词　韩国海洋经济　韩国海洋行政机制　韩国出口额　韩国主要海洋产业　韩国渔村建设

---

* 本文是自然资源部业务支撑项目“后疫情时代东北亚海洋形势分析”（项目编号：ZY0521001）的阶段性成果。

** 邢文秀（1989～），女，自然资源部第一海洋研究所海岸带科学与海洋发展战略研究中心助理研究员，主要研究领域为海洋经济与空间布局。刘大海（1983～），男，博士，自然资源部第一海洋研究所海岸带科学与海洋发展战略研究中心主任，正高级工程师，主要研究领域为海洋规划与管理。

韩国位于朝鲜半岛南部，三面环海，是环太平洋地区地缘学上的重要地区。主张管辖的海域面积约43.8万平方公里，是整个国土面积的4.4倍。海岛数量为3348个，海岸线长14962公里，其中大陆海岸线长7752公里，岛屿岸线长7210公里，为韩国海洋经济的发展提供了丰富的空间资源。韩国海洋经济发展始于20世纪60年代，在80年代进入快速发展阶段。经过多年发展，韩国已经形成以海运、造船、水产和港湾工程为支柱的海洋经济体系，缓解了本国陆域资源匮乏的发展瓶颈，海洋经济成为韩国国民经济的重要组成部分。近年来，韩国政府对海洋的重视程度日益提高，致力于建设全球海洋强国，到2030年海洋经济在国民经济中的比重提高到10%。然而，海洋经济作为外向型经济，其发展易受国际环境的影响，不稳定、不确定特征突出。因此，在国际环境变化不稳定叠加新冠肺炎疫情的影响下，厘清韩国海洋行政推进机制，分析韩国主要海洋产业发展现状与政策趋势，判断其主要战略动向，有利于增加管理部门和社会公众对韩国海洋经济的了解，为中国制定“十四五”海洋经济政策、寻求疫情防控常态化时期中韩合作提供有益的借鉴和参考。

一　韩国海洋行政推进机制

韩国海洋管理机构经历了“综合—分散—综合—有限分散—综合”的发展过程。1955年，海务厅成立，是韩国最早的海洋管理机构，负责海军、港口、水产、造船以及海洋警备等业务的综合行政管理。[①] 1961年，海务厅解体，其职能分散给多个涉海行业部门，其间经过多次调整和变迁，直到1996年8月，仍然由水产厅、海运港口厅、科学技术处、农林水产部、通商产业部、建设交通部等多

① 王江涛、李双建：《韩国海洋机构与战略变化及对我国影响浅析》，《海洋信息》2012年第1期。

达 13 个部门、处、厅分散执行海洋业务。[①] 但这种分散管理方式存在职责交叉重叠等问题，致使海洋管理协调成本高、合作效率低下，严重制约了韩国海洋事业的发展。[②] 20 世纪 90 年代，随着《联合国海洋法公约》的生效，世界各国对海洋权益的维护意识显著增强。为加强海洋力量、强化海洋领域竞争力、向海洋事业发展提供综合性机构保障，1996 年 8 月，韩国将海运港口厅、水产厅、建设交通部、海难审查院合并创立海洋水产部，标志着韩国海洋综合管理模式的再确立。2008 年李明博任总统后，为适应经济产业融合和新产业出现等情况的变化，实行综合部委制，废止海洋水产部，将海洋水产业务分散到农林水产食品部及国土海洋部，其中农林水产食品部负责水产政策及渔村开发、水产流通等；国土海洋部主要开展土地和水资源的开发利用与保护，形成以土地和水资源为载体的国土资源综合管理体系，在海洋领域负责海洋政策、海运、港口、海洋环境、海洋资源开发、海洋科学技术研究、海洋安全等。由此，韩国进入“有限分散”的海洋管理模式。2013 年，韩国总统朴槿惠为迎合国内加强海洋综合管理、振兴海洋产业的呼声，复建了海洋水产部并一直延续至今。[③] 海洋水产部主要负责海洋资源开发及海洋科技振兴；海运业培育及港口建设、运营；水产资源管理、水产业振兴及渔村开发；船舶、船员管理，海洋安全；海洋环境保护及沿岸管理。[④] 复建后的海洋水产部实现了从渔业管理到海上安

---

① 해양수산부（海洋水产部），“설립목적및연혁（设立目的及沿革）”，http://www.mof.go.kr/content/view.do?menuKey=409&contentKey=5，最后访问日期：2021 年 1 月 3 日。

② 魏志江、陈卓、叶浩豪：《试论韩国海洋管理体制及其对中国的启示》，《当代韩国》2014 年第 4 期。

③ 林香红、高健、周怡圃、刘彬：《韩国海洋经济发展现状研究》，《海洋经济》2014 年第 3 期。

④ 해양수산부（海洋水产部），“설립목적및연혁（设立目的及沿革）”，http://www.mof.go.kr/content/view.do?menuKey=409&contentKey=5，最后访问日期：2021 年 1 月 3 日。

全管理的高度集中管辖，具有较高的管理效率（见图1）。

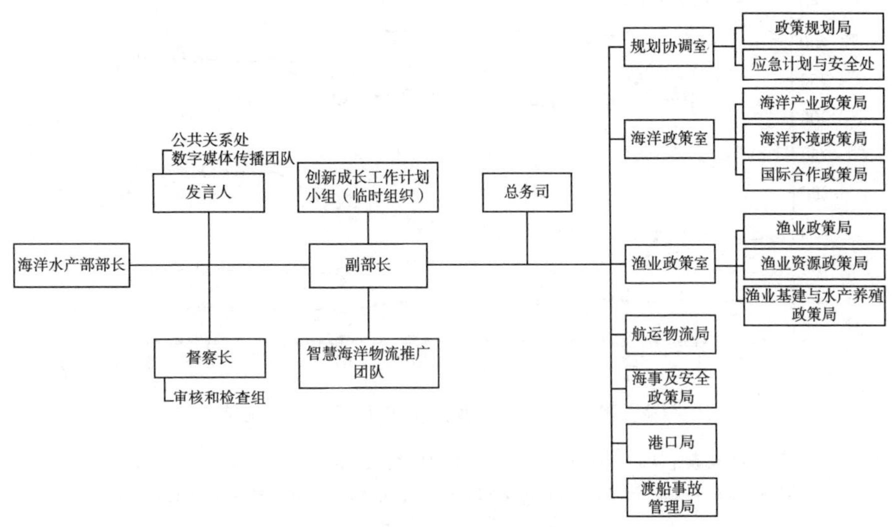

图1　韩国海洋水产部组织结构

资料来源：해양수산부（海洋水产部），"조직현황（组织情况）"，http://www.mof.go.kr/content/view.do?menuKey=630&contentKey=6，最后访问日期：2021年1月3日。

二　韩国主要海洋产业发展现状与政策趋势

（一）海洋水产业

韩国海域寒暖流交替，十分适合鱼类生息和繁殖，有着发展海洋水产业得天独厚的条件。此外，较好的水产消费观念和文化，以及产业创新思维，促使韩国成为世界上重要的水产品生产、消费和贸易进出口国。

近些年，韩国海洋水产品产量整体呈现平稳增长，从2010年的311.06万吨增长到2019年的382.97万吨，年均增长率约为2%（见图2）。

从近海渔业来看，2011年产量达到阶段性高峰123.55万吨，

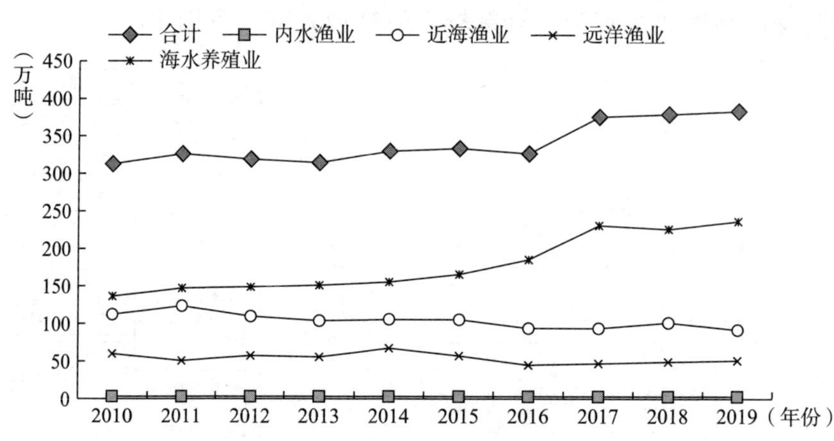

图 2　2010～2019 年韩国海洋水产品产量趋势

资料来源：韩国海洋水产部官方网站，https://www.mof.go.kr/content/view.do?menuKey=395&contentKey=48，最后访问日期：2021 年 1 月 3 日。

随后整体呈现下降趋势，2016 年产量下降到 92.98 万吨，为 1972 年以后首次减少到 100 万吨以下，2017 年进一步下降到 92.69 万吨。近海捕鱼量的减少对水产品消费量位居世界前列的韩国来说是相当大的冲击，对渔民、水产品加工与流通等相关产业发展产生了较大影响，是影响国民餐桌的重要问题。在政府多种激励措施的作用下，2018 年韩国水产品产量有所恢复，但 2019 年再次刷新历史最低纪录，仅为 91.45 万吨。韩国远洋渔业自 1957 年在印度洋捕捞金枪鱼以来，已经 60 多年，但是远洋渔业的产量自 2007 年下降到 71 万吨以来呈现全面减少趋势，2016 年下降到 45.41 万吨，2017～2019 年缓慢提升，2019 年达到 50.70 万吨。为保护世界共享资源和发展中国家沿岸水产资源，国际社会要求加强对远洋渔业的规范性管理，因此韩国远洋渔业发展面临着日益增大的压力。与持续减少的捕捞渔业资源相比，随着养殖技术的发展，韩国海水养殖产量近些年呈现持续增加的趋势，从 2010 年的 135.50 万吨增加到 2019 年的 237.19 万吨，年均增长率达到 6.4%。养殖产量的增加，使得消费者可以以更为低廉的价格获取优质的水产品，国民对养殖水产品的依赖度逐渐提高。尽管如此，韩国海水养殖业仍存在经营规模普遍偏小、渔民高龄化和生产方式较为传统等问题，提高了海水养殖的不稳定性和易受疾病、气候变化等外部影响的脆弱性。①

2010~2018年，韩国海洋水产品进口量和进口额整体呈增加趋势，水产品进口量在2018年达到641.90万吨，年均增长率为3.93%；水产品进口额在2018年达到61.25亿美元，年均增长率为7.41%。但2019年进口量和进口额分别为560.60万吨和57.94亿美元，与2018年相比均出现明显下滑（见图3）。

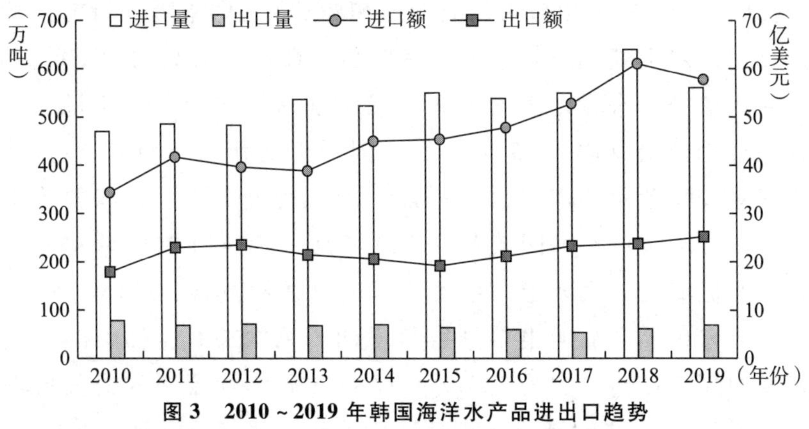

图3 2010~2019年韩国海洋水产品进出口趋势

资料来源：해양수산부（海洋水产部），"수산물수출입동향（水产品进出口动向）"，https://www.mof.go.kr/statPortal/cate/statView.do，最后访问日期：2021年1月3日。

从出口来看，韩国出口情况呈现阶段性波动特征。2012年在日元走强、日本福岛核电站事故等因素影响下，韩国水产品出口达到23.61亿美元的阶段性顶点。之后，受世界经济放缓、日本水产品消费减少、日元贬值及各种自然灾害等影响，到2015年，韩国水产品出口业绩持续下降。此外，发达国家贸易保护主义扩散、中韩萨德问题等国际环境的不确定性加剧了出口条件的恶化。2016年以后，在世界经济复苏、韩国出口业界积极开拓市场、政府多种政策支持等发挥

① 해양수산부(海洋水产部)，"어업생산량및양식량–어업생산량（渔业及粮食产量–渔业产量）"，https://www.mof.go.kr/statPortal/cate/statView.do，最后访问日期：2021年1月3日。

协同效应的形势下，韩国水产品出口呈现明显的增长趋势，2018 年、2019 年水产品出口额分别为 23.77 亿美元和 25.05 亿美元，超过了 2012 年业绩，刷新了历史最高纪录。但是，在世界水产品出口市场上，韩国占有率仅为 1% 左右。从出口对象国来看，日本、中国和美国是韩国水产品的三大主要出口市场，2010 年合计占韩国出口总量的 71%。但此后，韩国以泰国、越南、印度尼西亚、新加坡为中心促进对东盟的水产品出口，在韩国出口多边化努力下，2017 年日本、中国、美国 3 个国家的出口占比减少到 61%。[①] 总体来看，目前，韩国水产品出口对上述国家依赖度仍然较高，存在出口结构性弱点。

从出口类别来看，由于世界需求增加，金枪鱼价格上涨，2017 年韩国金枪鱼出口达 6.25 亿美元，创下历史新高（见表 1）。因全球市场对调味紫菜的消费需求增加，加之最近中国、日本的紫菜收成不振，国际市场对韩国紫菜的需求增加，2017 年韩国紫菜出口首次超过 5 亿美元。集装箱的普及使得出口条件改善，2015 年以后偏口鱼、牙齿鱼等产品的出口额持续增加。总体来看，韩国出口项目依赖度加深，在出口的约 120 个品种中，前 10 个品种占总出口额的比重接近 70%，特别是对金枪鱼、紫菜的依赖度非常高，2017 年两者占比超过 20%。韩国需要挖掘继金枪鱼、紫菜之后的“新明星”出口项目，谋求水产品出口品目多样化。

表 1　韩国水产品出口前 10 个品种出口额情况

单位：亿美元，%

排名	2015 年			2016 年			2017 年		
	品目	出口额	百分比	品目	金额	百分比	品目	出口额	百分比
	总额	19.24	100.0	总收入	21.28	100.0	总额	23.29	100.0
	十大品种	12.66	65.8	十大品种	14.36	67.5	十大品种	16.19	69.5

① 해양수산부（海洋水产部），“해양수산백서：문재인정부 1 기('17.5~'19.4) 성과와과제（海洋水产白皮书：文在寅政府一期工作成果与课题，2017 年 5 月 ~ 2019 年 4 月）”，https://www.mof.go.kr/upload/whitebook/30090/book.pdf，最后访问日期：2021 年 1 月 3 日。

续表

排名	2015 年			2016 年			2017 年		
	品目	出口额	百分比	品目	金额	百分比	品目	出口额	百分比
1	金枪鱼	4.90	25.5	金枪鱼	5.76	27.1	金枪鱼	6.25	26.9
2	紫菜	3.05	15.9	紫菜	3.53	16.6	紫菜	5.13	22.0
3	牡蛎	0.96	5.0	乌贼	1.12	5.3	乌贼	0.78	3.3
4	乌贼	0.95	4.9	鲍鱼	0.66	3.1	偏口鱼	0.65	2.8
5	偏口鱼	0.58	3.0	牡蛎	0.62	2.9	牙齿鱼	0.60	2.6
6	蟹肉	0.49	2.5	偏口鱼	0.61	2.9	牡蛎	0.59	2.6
7	鲫鱼	0.47	2.4	鲫鱼	0.54	2.5	螃蟹	0.59	2.6
8	马鲛	0.45	2.3	蟹肉	0.53	2.5	蟹肉	0.54	2.3
9	牙齿鱼	0.43	2.2	马鲛	0.50	2.3	鲍鱼	0.52	2.2
10	鲍鱼	0.39	2.0	牙齿鱼	0.48	2.3	鲫鱼	0.52	2.2

资料来源：《海洋水产白皮书：文在寅政府一期工作成果与课题，2017 年 5 月 ~ 2019 年 4 月》，https://www.mof.go.kr/upload/whitebook/30090/book.pdf，最后访问日期：2021 年 1 月 3 日。

韩国水产业是约 104 万名水产从业者的工作领域，也是提供健康水产品的国民产业。渔村作为国民旅游、休闲的空间，其作用更加重要。日益深化的水产资源枯竭、人口减少和渔村高龄化等结构性问题使韩国水产业和渔村的生存与发展陷入了危机。韩国海洋水产部为了解决水产业及渔村面临的问题，将水产业培养成可持续增长的产业，正努力摆脱陈旧的渔业惯例或改进以短期处方为主的对策，以“水产业的革新增长，营造充满活力的渔村空间”为目标，果断推进水产革新 2030 计划，旨在建立资源管理型渔业体系，从根本上改善国家水产业体制。① 为实现这一战略愿景，韩国主要推出以下政策措施。

① 해양수산부（海洋水产部），“해양수산백서：문재인정부 1 기('17.5~'19.4) 성과와과제（海洋水产白皮书：文在寅政府一期工作成果与课题，2017 年 5 月 ~ 2019 年 4 月）”，https://www.mof.go.kr/upload/whitebook/30090/book.pdf，最后访问日期：2021 年 1 月 3 日。

1. 推进实现可持续的近海渔业

建立资源管理型近海渔业，全面改编渔业结构，推行以资源评价为基础的 TAC（许可总渔获量）制度，延长禁渔期和休渔期，强化渔船监测，调整海面作业区域，加强捕捞渔船安全设施建设和改进资源管理型捕捞制度。在渔港引进捕捞物监测及渔具使用等渔港搜索制度，实现渔具管理体系化。此外，韩国加大非法作业管制力度。为迅速有效应对非法作业，2017 年 6 月，韩国根据三面环海的海域特性，在现有的东海、西海渔业管理团体制下，新设了南海渔业管理团，建立起更为迅速有效的管制体系。为加强国内渔业秩序和提升排他性海域国外船只的非法作业管制能力，韩国大力扩充大型渔业指导船，指导船总量从 2017 年的 34 艘增加到 2018 年底的 38 艘。通过中韩渔业联合委员会，2017 年韩国与中国建立了指导船共同巡视、公务员交叉乘船等联合管制措施，建立起中韩非法渔业联合管制系统。2018 年，韩国将正在试点运营的中韩非法渔业联合管制系统的运营机构指定为西海渔业管理团。到 2022 年，计划实现陆海空监视网和中韩合作体系化、公告化。

2. 推动海水养殖产业尖端化

海水养殖产业正在摆脱传统第一产业框架，进入尖端化、规模化阶段。当前，挪威和中国在智能海水养殖领域展开激烈竞争。挪威成功实现大西洋鲑鱼商业化养殖，席卷了世界市场，且三文鱼养殖技术正在提升，将推进更大、更自动化的尖端智能养殖场建设；中国则积极推进海洋牧场建设，旨在解决密集养殖造成的沿岸环境污染问题，以可持续的方式在生产高附加值鱼种的同时实现多功能布局，且海洋工程装备制造业竞争力快速提升，目前几乎垄断了全球智能养殖装备的制造。为提升韩国海水养殖的整体竞争力、建立绿色高附加值智能养殖体系，韩国政府正在推进基于集成信息通信技术（ICT）和自动化技术等的智能养殖场示范模式建设，在引导普通养殖接受尖端养殖技术的同时，致力于建立智能养殖集群。其主要措施包括：从 2019 年开始，计划 10 年内在全国 3 个地方（每个地方投入约 400 亿韩元）建立智能养殖示范园区，以循环过滤养殖系统等最新的养殖系统为基础，综合利用物联网（IoT）、ICT 等第四次产业革命技术开发智能养殖场运营技术；开发和推广海水养殖优质种苗，制订水产种苗发展基本计划，推动各品种优质种苗开发并建立无病害研究普及中心，引导养殖相关产业共同成长。

3. 水产品流通结构革新及水产品出口产业化

随着高龄化、单人家庭数量增加等人口结构的变化和饮食生活方式的变化，韩国水产品消费呈现简便化、多样化、高级化、重视健康与安全的倾向。此外，人工智能、物联网、大数据等第四次工业革命的尖端技术有望逐渐被引进并应用到水产品流通过程。面对国内水产品流通基础设施老化、流通主体规模有限、低温流通体系建设不足、产地销售质量不高和卫生管理不严等诸多问题，为了有效、主动应对国内外流通环境及消费趋势的变化，营造生产者和消费者相生的流通环境，韩国海洋水产部持续推进水产品流通基础设施改善事业。2017～2018 年，韩国推进了水产产地据点流通中心（FPC）及消费地分散物流中心（FDC）的扩充，制定了产地销售场所卫生标准，实施了水产品流通产业动态调查等。FPC 将通过水产品处理量的规模化和初步加工提供附加值，满足多商品化要求，提高渔业从业人员收入。FDC 将在全国各地聚集水产品，分散到各消费地，有助于维持水产品的新鲜度和提高流通效率。此外，为了向国民提供安全的水产品，提高水产品流通产业的竞争力，制定了“水产品流通革新路线图（2018—2022 年）”，通过相关政策的切实实施，提高水产品在卫生、质量等多方面的供需管理水平。

为了在不稳定的出口环境中获得主动权、提升水产品的附加值、提高国内企业的出口竞争力，韩国制定了水产品出口竞争力强化方案、水产品出口支援路线图等出口支援政策。主要措施包括：①促进出口市场多元化。在政府“新南方政策”基调下，以被称为潜在消费市场的东盟为中心扩大出口市场。此外，还通过中国香港、中国台湾、加拿大、俄罗斯、墨西哥等地将出口市场多元化，进一步降低出口集中度。②建设出口支援中心。为了减少出口危险因素，为了给韩国业界营造稳定的出口环境，在出口现场建立能够支援业界的水产品出口支援中心。目前，韩国已在日本、中国、美国以及新崛起的越南、泰国、马来西亚等东南亚地区，成功建立了10 个出口支援中心。③实施出口扶持措施。根据韩国法令，国家和地方自治团体为了振兴水产品出口、确保中小水产企业的出口竞争力，必须制定并实施海外市场开拓、贸易信息收集提供等必要政策。为了有效推进政策，可以对渔业经营企业、生产团体、出口水产品者等进行必要的支援。④加强韩国水产品宣传与营销。为了在全球市场上提升韩国水产品的知名度，树立卫生、美味的高级水产品形象，韩国近年来推出了水产品出口联合品牌“K·FISH”，在美国、日本、新加坡等 46 个国家进行商标申请、注册等，为放大品牌效应打下基础。与此同时，韩国积极进行海外宣传营销，还利用网络媒介进行信息交流创新，借助“网红营销”向周边国家乃至全世界推销水产品及美食。①

4. 推进渔村建设及渔民收入增加

韩国小规模渔港较为落后，基础设施日渐恶化，导致持续的产业衰退、人口减少和岛屿地区空岛化。有关测算显示，韩国渔村人口从 2000 年的 25.1 万人下降到 2018 年的 11.7 万人，渔村高龄化率从 2003 年的 15.9% 提升到 2018 年的 36.3%②，预计到 2040 年韩国 81.2% 的渔村将被视为消失危险性较高的地区。考虑到这样的渔村现实情况，为了让国民舒适地享受海洋休闲和海洋旅游，营造最低限度的基本环境是韩国政府面临的最紧迫、最重要的课题。因此，2018 年 6 月，韩国制订了“渔村新政 300 事业”推进计划。以“容易去的渔村”“想去的渔村”“充满活力的渔村”为政策方向，

---

① 해양수산부（海洋水产部），“해양수산백서: 문재인정부 1 기('17.5~'19.4) 성과와과제（海洋水产白皮书：文在寅政府一期工作成果与课题，2017 年 5 月 ~ 2019 年 4 月）”，https://www.mof.go.kr/upload/whitebook/30090/book.pdf，最后访问日期：2021 年 1 月 3 日。

② 해양수산부（海洋水产部），“2020 년해양수산사업시행지침서（2020 年海洋水产事业实施方针）”，https://www.mof.go.kr/article/view.do?menuKey=647&boardKey=57&articleKey=28421，最后访问日期：2021 年 1 月 3 日。

在2019~2022年，在全国300个地方投入3万亿韩元的财政资金，综合推进三大措施：①海上交通设施现代化，提高渔村靠近性；②利用渔村核心资源，搞活海洋旅游；③增强渔村创新能力，带动渔村创新增长。根据地区条件和特色，渔村将被分为海洋休闲型、国民修养型、水产功能型、再生基础型等进行适当的推进。①

（二）船舶制造业

船舶制造业是韩国的重要支柱产业，在国民经济中起着举足轻重的作用。韩国现代重工、大宇造船、三星重工是韩国造船业的三大巨头，位列世界造船企业第一梯队。此外，韩国还有现代三湖重工、现代尾浦造船、大鲜造船、韩进重工等中型船舶企业。

近年来，全球船舶新接订单量大幅减少。2019年，全球船舶新接订单量减少到2530万CGT（Compensated Gross Tonnage，修正总吨），较2018年下降27%。截至2019年底，全球手持订单量为7580万CGT，同比下降11.7%。2009年以前，韩国是世界第一船舶建造国，但此后由于中国的急速发展，全球造船业维持中韩G2体制。在新接订单方面，在经历2016年的订单低谷后，韩国政府全面介入拯救造船业，在要求造船企业进行自我改革的同时，连续出台《造船产业竞争力强化方案》和《造船密集区域经济振兴方案》等多项支援政策和方案帮助造船业脱离困境。在政府的激励作用下，韩国船舶新接订单实现2017年、2018年连续两年增长。2019年，在全球订单总量大幅下降的限制下，韩国船企新接订单量为943万CGT，虽然同比下降28.8%，但凭借在LNG船、VLCC（超大型油船）等高附加值船舶领域的优势，韩国新接订单量占全球新接订单总量的份额达37.3%，领先于中国33.8%的份额，继2018年

① 해양수산부（海洋水产部），“해양수산백서：문재인정부 1 기('17.5~'19.4) 성과와과제（海洋水产白皮书：文在寅政府一期工作成果与课题，2017年5月~2019年4月）”，https://www.mof.go.kr/upload/whitebook/30090/book.pdf，最后访问日期：2021年1月3日。

后再度超越中国居全球首位。韩国三大造船集团继续垄断国内新船订单市场，合计占全国总订单量的 96.0%。韩国中小型船企则面临订单不足困境，市场占有率不断降低。在造船完工方面，2016～2018 年，韩国造船完工量连续三年下跌。2019 年，韩国造船完工量为 951 万 CGT，低于中国 1109 万 CGT，排名第二。在手持订单方面，金融危机以来韩国船企手持订单量呈波动下降趋势。2019 年韩国手持订单量为 2260 万 CGT，同比减少 0.5%，全球占比为 27.9%，排名全球第二，与中国仍有一定差距（见图 4、图 5）。

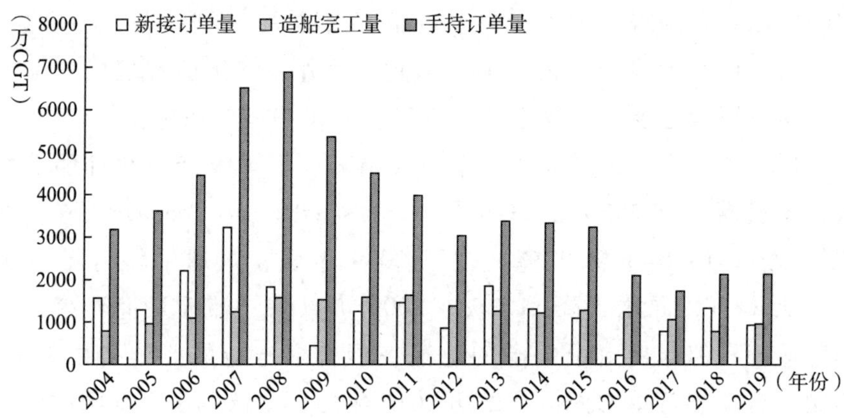

图 4　2004～2019 年韩国船舶制造业新接订单量、造船完工量、手持订单量变化情况

资料来源：韩国离岸工程及造船协会（Korea Offshore & Shipbuilding Association）官方网站，http://www.koshipa.or.kr/lang_eng/stati/stati_01.jsp，最后访问日期：2021 年 1 月 3 日。

韩国造船业保持高端船型优势。近 20 年来，韩国在 LNG 船建造市场上一枝独秀，2009～2018 年，韩国获得了全球大型 LNG 船订单 353 艘中的 297 艘，占比为 84.1%，在大型 LNG 船建造市场中处于绝对垄断地位。此外，韩国船企在 VLCC、超大型集装箱船（15000TEU 以上）、VLGC（大型液化气体运输船）等高附加值船型上依然保持明显的优势。2019 年，VLCC、大型集装箱船和 VLGC 新接订单全球占比分别为 57.7%、51.5% 和 63.9%，竞争优势依然

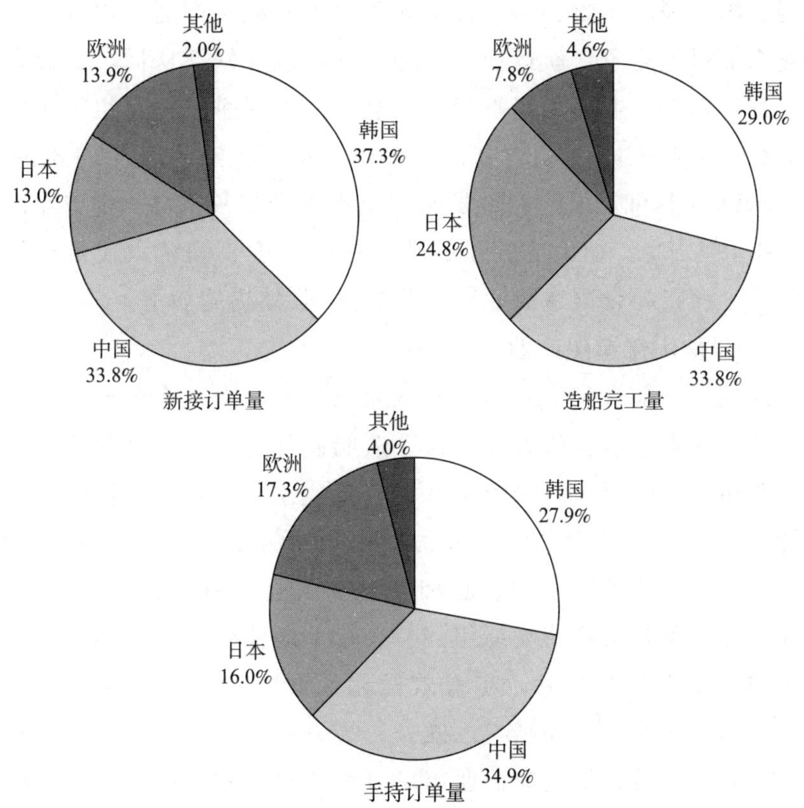

图 5　2019 年各国船舶制造业新接订单量、造船完工量和手持订单量全球占比情况

资料来源：韩国离岸工程及造船协会（Korea Offshore & Shipbuilding Association）官方网站，http://www.koshipa.or.kr/lang_eng/stati/stati_01.jsp，最后访问日期：2021 年 1 月 3 日。

明显。①

当前，韩国造船业面临内外两方面问题。从外部来讲，主要为全球市场需求严重衰退，新船订单量大幅下降；新船价格长期低迷，涨幅缓慢；中国造船业快速发展带来的竞争压力。从内部来讲，主要为产业结构失衡，中小型船企及核心配套产业竞争力相对

① 秦琦：《LNG 船建造：韩国缘何能一枝独秀？》，《中国船检》2019 年第 8 期。

较弱；国内需求不足，国内订单比重较低；缺乏产业协同效应，造船业内部过度竞争，航运业、金融业和造船业缺乏协同。在此背景下，韩国造船业业绩大幅下滑，大量中小型船企结构重组，造船及相关行业从业人员从 2015 年的 18.12 万人下降至 2019 年的 8.64 万人。2018 年，韩国政府相继发布《造船产业发展战略》《造船产业活力提高方案》，加大造船业的政策扶持力度，确定六大重点战略任务，全面指导韩国造船业转型升级。① 具体措施如下。

1. 调整优化造船产业结构

为应对产能过剩困局和加快造船业复苏，深入推进三大船企自救计划，探索联盟合作方案。韩国造船业首先着手推进现代重工与大宇造船的战略重组。2019 年 3 月，现代重工正式收购韩国产业银行持有的大宇造船 55.7% 的股份。此次并购必须通过韩国、欧盟、日本、中国、哈萨克斯坦、新加坡 6 个国家和组织的反垄断审查，目前已经获得来自哈萨克斯坦的首个反垄断监管机构的批准。现代重工与大宇造船的合并，将有效优化资源配置，通过避免重复投资、实现技术共享等提高生产效率，最终降低成本，提高市场竞争力；同时，有效缓解全球造船市场过度竞争问题，提升船舶订单价格，从而增加经济收益。② 推进中型船企的合作与重组，培养具有全球竞争力的中型船企。韩国有序推进城东造船的重整计划和 STX 造船的结构调整，支持大鲜造船出售、韩进重工军品建造专业化。目前，在韩进重工完成债转股后，韩国产业银行成为韩进重工的最大股东，韩国五大中型船企（大韩造船、韩进重工、STX 造船、城东造船、大鲜造船）已经全部由韩国政策性银行控制。在推进战略重组和结构调整的同时，韩国成立造船海洋产业发展协议会，协助

① 陈柏全、万鹏举、屠佳樱、王亮：《2019，韩国造船为何能再次超越》，《中国船检》2020 年第 2 期。

② 蒋聪汝：《韩国船企资产整合的路径与影响》，《中国航空报》2019 年 7 月 4 日，第 8 版；桂傲然：《现代重工并购大宇造船对全球船舶动力产业格局影响几何》，《中国船检》2019 年第 12 期。

解决中小型船企、配套企业等弱势群体利益受损的问题，推动大型船企和中小型船企间均衡、协作发展。

积极发展船舶改装、分段制造、修船及服务业。在船舶改装方面，促进高附加值船舶及海工装备在韩国国内改装，为企业提供成本和技术方面的支持。在分段制造方面，推进分段标准化，提高本土分段制造企业的成本竞争力，促使船厂的分段制造外包从国外转回韩国。① 在修船及服务业方面，推进船厂、配套企业、造船协会、配套协会和船舶服务公司间的合作，推出在本国建造的船舶的运营修理等服务项目。

2. 全面提升中小型船企竞争力

加大专业化设计和生产的研发投入，启动《造船海洋产业核心技术开发项目》，提供经费支持 11 个关于中小型 LNG 动力船舶、LNG 加注船、船舶能效提升等设计领域研发课题，支持 8 个以焊接、涂装等工艺为中心的自动化及效率提升技术研发课题。成立高速船舶设计研究中心，提升设计能力。为符合市场潮流的破冰船、极地船、LNG 船等未来型船舶以及中型浮式发电站、浮式液化天然气生产储卸装置等类海工型高附加值船舶的设计提供支持。推进智能船厂（K-Yard）项目。通过 ICT 融合技术建立最优的物流及船舶建造系统，在试点示范的基础上，按照中型船厂、小型船厂、分段建造厂的顺序，逐步应用到中小型船厂中，促进韩国中小型船厂智能化发展。

3. 挖掘国内外需求新动能

推进“国轮国造”，2018 ~ 2020 年韩国政府订造 200 余艘新船，包括 140 余艘散货船、60 余艘集装箱船；2018 ~ 2019 年订造约 40 艘公务船。支持 LNG 船舶订造，通过金融和政府补贴等措施，加快国内沿海绿色船舶试点项目进程，推动 LNG 动力船替代老旧船舶，强化公务船、LNG 动力船舶订造。同时，构建 LNG 加注系统，加强

---

① 阴晴、孙崇波、谢予：《全球造船业格局谋变》，《中国船舶报》2020 年 9 月 2 日，第 3 版。

基础设施建设。

积极挖掘海外战略合作项目订单需求。推进“新北方政策”和“新南方政策”，前者的重点对象是俄罗斯，后者的合作对象是东南亚、印度等。①“新北方政策”：韩国将加大与俄罗斯的技术合作，积极参与俄罗斯北极能源项目（Arctic Ⅱ），争取批量承接 LNG 破冰船订单。为推进中小型船企、配套企业、海工企业之间合作多样化，将通过举办韩俄造船合作研讨会等方式构建合作平台。积极研究设立远东配套物流中心，帮助本国配套产品出口到俄罗斯。②“新南方政策”：促进与越南、菲律宾、印度尼西亚等国造船业的人才交流合作。基于东南亚国家岛屿众多的特点，考虑对需求增多的中型浮式发电平台和冷藏运输船的竞标。通过政府间合作项目的形式，积极推进发展中国家公务船建造计划。

4. 大力发展智能自航船舶与绿色船舶

智能自航船舶将引领造船、海运领域的第四次产业革命，成为未来高附加值船舶、海运服务市场和国际海事组织确保主导权的新机会。当前，智能自航船舶进入研发加速期。中国、欧洲国家等通过推进大型智能船项目，积极抢占市场，韩国也在积极研发智能船舶系统。近期，韩国政府加大对智能船舶的支持力度，启动《智能自航船舶及航运港口应用服务开发》项目，开发并建造能够通过系统感知现状、预先制定航线的中型智能自航船舶，并计划在 2022 年之前完成试航，2027 年完成无人船开发。与此同时，韩国强化国际合作，积极参与自主航运船舶规定与标准制定相关国际会议，向国际海事组织（IMO）提交了敦促自主航运船舶设计及制定航运标准的议题文件，并提交给 IMO 海事安全委员会（MSC），增强了韩国在新技术领域的规则话语权。

2017 年 9 月《船舶平衡水管理协议》（Ballast Water Management Contention）生效，2020 年 1 月 1 日以后船舶的硫化物含量排放限制从现行的 3.50% 强化到 0.50%。韩国海洋水产部强化制定了釜山等港口周边区域的限排标准，要求在 2021 年前执行新的规定（硫化物含量低于0.1%)。[①] 此外，韩国对于港口粉尘污染和海洋塑料垃圾的环境限制也逐步加强，进而倒逼企业升级。为了改善港口污染、应对日渐强化的环保限制以及抢占未来潜在市场，韩国积极推进绿色环保配套设备的实船验证项目，确保2030年相关配套技术国产化率达到100%，2035年建造首艘零排放船舶。

5. 通过"共生"强化产业业态

通过造船上下游产业链、大中小企业、地区间的"共生"，实现可持续发展。一是产业部、海洋水产部、金融委成立"共生"委员会。产业部、海洋水产部、货主、船东、航运公司、船企、配套企业、研究机构等共同参与，推进技术研发、实船验证等联合项目，扩大LNG船订造规模、发展LNG加注设施、研发自主导航船舶等。加大造船业保函发放、建造资金等支持力度，主要包括加强国有金融机构的信贷支持、共同协商保函分配方案和为政策性金融机构提供特殊支持等。二是帮助新技术实现商业化，强化政府在技术研发初期和实船验证阶段的协调作用，实现"技术共生"。造船、航运、配套企业等通过共同研发新技术配套产品并实船搭载，实现船舶高附加值化，增加接单量，同时增加国产船舶相应配套需求。此外，推进更多的大型船企将其技术无偿或有偿转让到中小型船企和配套企业。三是建立由船厂、配套企业、外包企业、支援机构等组成的地区造船业委员会，共同支持地区人才培养、基础设施建设及公共作业船订造，构建当地船舶产业良性发展模式，引导各地区专业化发展，实现"地区共生"。

6. 维持就业并创造更多优质岗位

实施地区船舶行业下岗人员再就业支援项目，促进就业稳定。通过设计竞争力强化项目，聘用高级设计领域下岗人员。同时，以三大船企为中心扩大青年人才招聘。努力消除人们对造船行业的偏见，推进船舶设计、生产、配套等成为中青年所向往的优质工作岗位。积极创造船舶设计和服务等高附加值领域的就业岗位，为高级

---

① 曹博:《韩造船业全面布局绿色船舶产业》,《船舶物资与市场》2019年第2期。

技术人员创造就业机会；通过推进智能船厂（K-Yard）项目，将现场作业人员逐步转换为智能生产控制人员；通过推进智能自航船舶开发项目，促进关联产业国产化并培育相关产业，同时开拓大数据分析等新型服务业。此外，推进薪资合理化，适度提高船舶行业从业人员中占比最高的外包人员薪金水平；强化人才培养，加强对绿色船舶、自航船舶领域以及融合型高级专业人才的培养。

（三）港口业

韩国沿岸地区分布了诸多港口，作为国家物流网络的重要环节，为地区经济增长和社会发展做出了巨大贡献。根据韩国港口法，韩国拥有 60 个港口，其中贸易港 31 个（国家管理贸易港 14 个，地方管理贸易港 17 个），沿岸港 29 个（国家管理沿岸港 11 个，地方管理沿岸港 18 个）。[①] 其中，釜山港享有世界第六大集装箱港口的地位，成为东北亚最大的转运港。

随着世界经济及韩国国内经济增长速度的放缓，且在 2017 年全球海运联盟重组、韩进海运破产等不确定性增加的情况下，韩国近些年依然实现物流量的稳步增加。2019 年，韩国贸易港货物吞吐量为 16.44 亿吨，同比增长 1.19%，其中进出口吞吐量为 14.29 亿吨，同比增长 1.56%，其中转运吞吐量为 3.32 亿吨，同比增长 4.82%；沿岸货物吞吐量为 2.15 亿吨，同比减少 0.02%（见图 6）。2019 年，韩国港口集装箱处理业绩为 2911.8 万 TEU，同比增长 0.51%。特别是釜山港集装箱处理业绩为 2191.0 万 TEU，同比增长 1.14%；仁川港（308.7 万 TEU）、光阳港（237.7 万 TEU）分别减少 1.09%、1.29%；平泽・唐津港（72.5 万 TEU）、蔚山港（51.7 万 TEU）分别增加 5.07%、5.51%。衡量集装箱服务能力的班轮运输联通性指数（Liner Shipping Connectivity Index，LSCI）显示，2019 年韩国 LSCI

① 해양수산부（海洋水产部），“2019 년도 해양수산통계연보（2019 年度海洋水产统计年报）”，http://www.mof.go.kr/article/list.do?menuKey=396&boardKey=32，最后访问日期：2021 年 1 月 3 日。

指数世界排名位于中国和新加坡之后，位列第三，马来西亚和美国分列第四、第五名；釜山港 LSCI 指数世界排名位于上海港和新加坡港之后，同样位列第三，宁波港和香港港分列第四、第五名。①

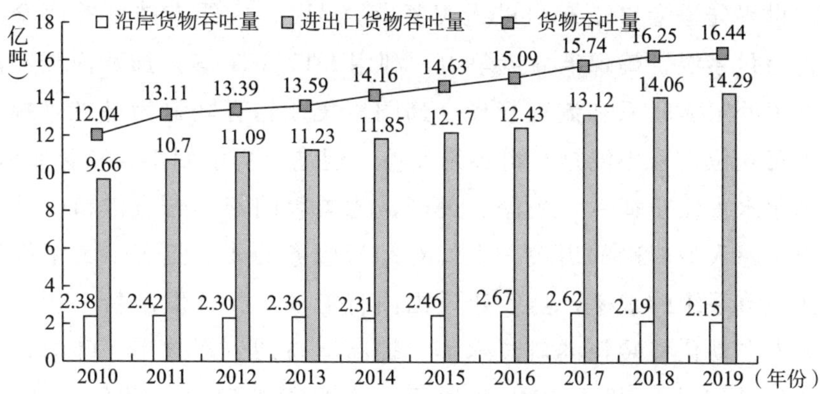

图 6　2010～2019 年韩国贸易港货物吞吐量与构成情况

资料来源：韩国海洋水产部官方网站，https://www.mof.go.kr/content/view.do?menuKey=395&contentKey=48，最后访问日期：2021 年 1 月 3 日。

近期，全球经济和韩国国内经济的低增长基调固定化，东北亚集装箱物流市场的不确定性正在扩大，加之全球海运联盟重组、韩进海运破产、贸易保护主义盛行和现代商船的法定管理，使得船舶的运行模式发生了变化，韩国港口地位和功能面临着与以往不同的情况，“港口衰退现象”正在发生。与此同时，全球港口竞争加剧，智能环保港口建设和港城联动再生成为大势所趋。韩国海洋水产部的港口政策也在推进中变化，韩国于 2020 年发布了包含全国港口的中长期规划和开发计划“2030 港口政策方向及推进战略”②，旨在到 2030 年实现港口智能化，港口货物吞吐量达到 19.6 亿吨，带动

① UNCTAD，“Handbook of Statistics 2020”，https://unctadstat.unctad.org/EN/Index.html，最后访问日期：2021 年 1 月 3 日。

② 해양수산부（海洋水产部），“2030 년까지 스마트 항만을 구축，글로벌 경쟁력 강화（2030 年前建立智能港口，加强全球竞争力）”，http://www.mof.go.kr/article/view.do?articleKey=36220&boardKey=10&menuKey=971¤tPageNo=1，最后访问日期：2021 年 1 月 3 日。

83 万亿韩元的产值，带动 28 万亿韩元的增加值，贡献就业岗位 55 万个，全球竞争力显著提升①。主要推进内容包括以下三个方面。

1. 推进港口智能化、数字化，建立智能海上物流基础

世界先进港口正在引进人工智能（AI）、机器人技术等完全无人自动化系统，确保港口竞争力，利用 IoT、ICT 等，加强内陆和港口之间的物流联系和流程管理。韩国以集装箱吞吐量为基准，排在世界第 4 位，釜山港排在世界第 6 位，但港口仍沿用半自动化系统，自动化水平低于荷兰、中国、美国、德国等国家的先进港口。特别是由于超大型船舶的出现，人们对卸货服务的要求提高。为了提高陆海物流系统的效率，亟须建设国内智能港口，开发出新一代韩国型无人自动化集装箱港口技术等，提高港口的生产效率。韩国计划在 2026 年以前，投入 5940 亿韩元，在光阳港建立自动化测试床，开发国产技术，积累运营经验。经过测试床验证，在釜山港第二新港投入国产化的自动化技术，计划于 2030 年开始运营韩国型智能港口，正式推进港口自动化和数字化。与此同时，韩国还计划建立海运船舶、码头运营、货运车辆间的信息平台，形成智能型港口物流体系。

2. 持续扩充港口基础设施，提高全球竞争力

为应对新冠肺炎疫情对韩国全球供给体系造成的影响，建立稳定的港口物流网络，韩国制定并推进各地区港口开发战略。釜山港可以容纳 3 万 TEU 级超大型船舶的第二新港（又称“镇海新港”），计划于 2022 年动工，进一步巩固东北亚物流中心的地位。世界吞吐量第 11 位的光阳港计划扩大背后腹地、搞活产业、提升物流量，建立能够提高港内船舶通港效率和安全性的循环型航道，发展成为亚洲最先进

① 해양수산부（海洋水产部），“글로벌경쟁력을갖춘한국형스마트항만의시대가열립니다！ –2030 항만정책방향및추진전략발표（具有全球竞争力的韩国型智能港口时代即将开启！ –2030 港口政策方向及推进战略发表）”，https://blog.naver.com/koreamof/222146884637，最后访问日期：2021 年 1 月 3 日。

的智能综合物流港口。以仁川港为中心的西海圈港湾计划培养成处理中国进出口货物的物流据点港口，构筑与中国之间稳定的物流网。为此，将仁川港培育成以商品、消费为中心的首都圈专用中心港口，将平泽·唐津港培育成以汽车、杂货等为中心的首都圈产业支援港口，将木浦港培育成西南地区产业据点港口，将济州港培育成旅游和邮轮旅游中心港。以蔚山港为中心的东海圈港湾计划培养成新北方能源及物流基地。为此，计划在蔚山港扩充石油、LNG 等能源码头和背后园区，建设疏港道路，改善蔚山新港和本港之间的物流效率。

在国内港口建设市场萎缩局面下，为寻求港口建设产业增长新动力，韩国积极探索海外港口市场，从 2008 年开始，以本国港口建设、运营经验为基础，启动海外港口开发合作事业，支援韩国企业进军海外港口开发市场。截至 2018 年末，韩国完成了 27 个国家的 29 个项目，以及 1 个地区机构东盟（ASEAN）的 3 个项目，同时，正在进行以越南、老挝、孟加拉国、印度、俄罗斯、印度尼西亚、尼加拉瓜等 7 个国家为对象的新合作项目。近年来，越南经济年均增长 6%，是东盟地区最大的基础设施市场，是韩国建设企业承揽额位居亚洲第一的重要市场，是韩国“新南方政策”的核心国家。此外，考虑到与中南美地区的自贸协定逐步扩大，韩国还将持续通过与中南美的港口合作会议，支持本国企业进军中南美港口领域。

3. 强化港口与地区间的协同可持续发展

通过港口功能多样化，扩大投资及创造地区工作岗位。推进 LNG 运输站（釜山港、蔚山港、光阳港等）、修理造船厂（釜山港、平泽·唐津港）、电子商务化特区（仁川港）的建设，丰富港口服务，创造地区工作岗位；推进符合区域特性的老旧、闲置港口的再开发事业，以及港口产业和城市综合发展的港口集群建设事业等，引导和带动港口城市创新增长[①]；推进港口空间转换为干净、安全

① 해양수산부（海洋水产部），“2020 년해양수산사업시행지침서（2020 年海洋水产事业实施方针）”，https://www.mof.go.kr/article/view.do?menuKey=647&boardKey=57&articleKey=28421，最后访问日期：2021 年 1 月 3 日。

空间。一是计划在港口地区扩大海洋公园、亲水型防波堤、滨水步行道路等亲水空间，支持地区居民的休闲活动。通过港口公共服务设计，将港口空间转换为与周边景观相和谐的场所。二是计划建设港口环保区，改善港口地区大气环境质量。韩国海洋水产部于 2018 年 1 月制定了“港口·船舶微尘综合对策”，旨在 2022 年将港口微尘减少一半以上。2030 年前，计划引入密闭型防尘装卸系统，在港口及市中心设置环保区。另外，在釜山、仁川等主要港口附近指定了排放限制海域和低速航运海域，可以适用比国际标准更强化的燃料油硫含量标准和速度标准。

（四）海运业

韩国作为三面环海的半岛国家，进出口货物的 99.8% 通过海上运输来实现。原油和铁矿石等能源资源 100% 通过海运运输到韩国。[①] 海运业对造船、港口等相关产业具有巨大的波及效果，在非常时期负责军需品及战略物资运输等，对经济和安全保障起到核心作用。因此，长期以来韩国政府非常重视海运业发展。

韩国商船队船舶数量位居世界第 7 位。2003 年下半年以来，由于市场复苏，韩国商船队船舶数量迅速增加，在 2015 年达到顶峰 1088 艘，总吨位达 4327 万 GT。之后，2016～2018 年船舶数量逐步减少，2019 年船舶数量为 999 艘，但总吨位增至 4316 万 GT（见图 7）。

2016～2017 年，韩国海运处境艰难，现代商船连续亏损，世界排名第 7 位的韩国最大航运公司韩进海运破产，给韩国航运业及相关产业带来了极大的负面影响。韩国海洋水产开发院（KMI）分析的资料显示，韩进海运破产后，韩国海运短期内的运费收入遭受了 3 万亿韩元左右的损失。在韩国遭受韩进海运破产和现代商船连续亏损后遗症的同时，世界领先的航运公司呈现完全不同的面貌。

① 韩国海运协会官方网站，https://www.shipowners.or.kr:4432/index.php，最后访问日期：2021 年 1 月 3 日。

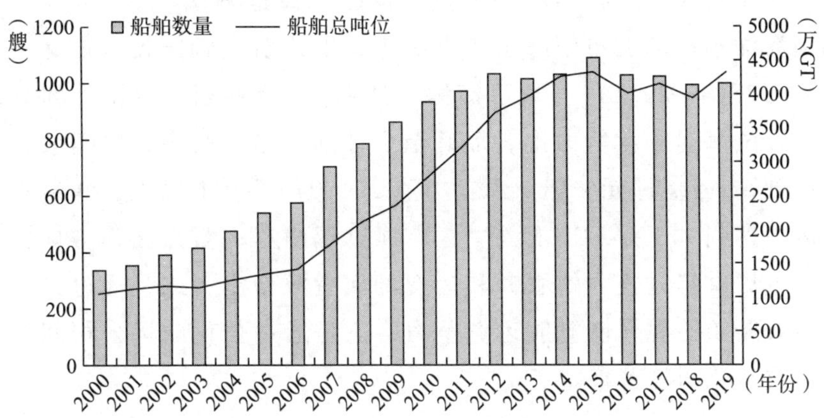

图 7　2000～2019 年韩国商船队船舶数量与总吨位变化情况

资料来源：韩国海运协会（Korea Shipowners' Association），"Growth of Korean Fleet（韩国舰队的发展）"，https://www.shipowners.or.kr:4432/eng/ks_industry/ks_industry1.php，最后访问日期：2021 年 1 月 3 日。

2018 年末，全球共有 6407 艘（21.51 亿 TEU）集装箱船舶处于运营中，Maersk、MSC、COSCO、CMA CGM、Hapag-Lloyd 等五大全球集装箱航运公司占据了船舶数量的 63%。特别是除了中国 COSCO 集团外，其余 4 家均为欧洲航运公司，这些航运公司掌握了全球大部分海运市场。与此相对，韩国现代商船拥有船舶量仅为 41 万 TEU，占有率仅为 1.8%，存在感较低，很难与全球航运公司展开竞争。

在全球海运市场上出现的另一个变化是，海运公司之间的合作重组，合作公司之间的联系进一步加强。2017 年世界船公司改编成 2M 联盟（由马士基和地中海航运组成）、Ocean 联盟（由中远集运、法国达飞、长荣海运和东方海外组成）和 THE 联盟（由赫伯罗特、阳明海运、商船三井、日本邮船和川崎汽船组成）等三大联盟。新航运联盟的特点是战略合作时间确定为 10 年，综合考虑联盟内各公司航线情况，重新编排合作港口。就韩国釜山港而言，三大联盟将亚洲—北美航线数量从 15 条减少到 13 条，将亚洲—北欧航线从 3 条减少到 2 条。海运公司起航服务的减少意味着港口竞争力减弱，转运量下降。

为了迅速重启韩国海运产业，再建“海运强国”，2018 年 7 月韩国海洋水产部发布了海运产业重建 5 年计划《韩国振兴航运五年计划（2018—2022）》（以下简称《计划》）。《计划》提出，到 2022 年，韩国海运业竞争力排名提升至全球前 5 名。其中，航运收入规模达到 51 万亿韩元，船队总运力达到 10040 万 GT 以上，集装箱船队运力达到 113 万 TEU 以上。《计划》提出三大重点工作方向：一是通过提供有竞争力的服务和运费确保货源稳定；二是通过扩大节能高效船舶的规模恢复航运竞争力；三是通过强化航运公司间合作确保航运公司经营稳定。

（五）休闲旅游业

世界旅游市场近 10 年来经济年均增长 3.9% 以上，海洋旅游占整个旅游市场的比重为 50%。韩国旅游市场随着休闲时间的增加和休养欲望的变化，参与旅游活动的人口逐渐增加。韩国海洋休闲旅游游客曾在 2017 年达到 580 万人，海洋体育也扩大到冲浪（10 万人）、水中休闲（108 万人）、皮艇（1.5 万人）等多个领域。另外，在全国 110 多个渔村参加渔村体验及海洋休闲活动的人数达 131 万人。韩国海洋水产开发院 2015 年的研究结果显示，韩国的海洋观光总支出为 23 万亿韩元，带动经济增加值为 16.6 万亿韩元，海洋旅游的产业价值正在提高。① 因此，韩国海洋水产部将海洋休闲旅游视为韩国下一代具有发展前景的产业，并在政策上给予大力支持。

从全国旅游情况来看，2017 年访韩游客达 1333 万人次，比 2016 年减少 22.7%，但韩国国内出国旅游规模为 2650 万人次，旅

① 해양수산부（海洋水产部），“해양수산백서：문재인정부 1 기('17.5~'19.4) 성과와과제(海洋水产白皮书：文在寅政府一期工作成果与课题，2017 年 5 月 ~ 2019 年 4 月）”，https://www.mof.go.kr/upload/whitebook/30090/book.pdf，最后访问日期：2021 年 1 月 3 日。

游收支连续17年出现赤字。韩国邮轮旅游市场规模自2010年后持续扩大，2016年有近195万名邮轮游客访问韩国，但2017年后出现巨大变化。受萨德事件影响，中国赴韩团体游快速减少，2017年中国访韩邮轮游客约39.4万人，同比减少79.8%，2018年下降到21万人。因此，韩国政府为了搞活旅游、提升国内旅游市场竞争力，于2017年12月召开了国家旅游战略会议并发布《观光振兴基本计划（2018—2022年）》，将“有旅行的日常”“有旅游的地区”“世界想寻找的韩国”“以创新跳跃的产业”设定为推进战略。国家旅游战略会议在海洋旅游领域提出了挖掘海洋旅游内容、搞活渔村旅游、整顿海洋旅游基础和培育高附加值旅游产业等四部分内容。韩国海洋水产部根据这些政策推进方向，以海洋亲水文化扩散为目标，制定了培养海洋旅游产业和挖掘海洋旅游新内容的政策。

（六）新兴产业

当前，世界主要海洋国家都将发展海洋经济作为促进社会经济增长的重要带动力，且在海洋新兴产业领域的竞争将会更加激烈。以海运、港口、造船为代表的传统海洋产业已经进入成熟阶段，在海洋新兴产业领域挖掘新的经济增长动力成为其发展的必然途径。韩国海洋水产部为了建设海洋产业健康的成长生态系统，集中培育海洋战略性新兴产业，制定了“海洋新兴产业中长期发展蓝图和战略（2018—2022年）”，将培养200个海洋新兴产业创业企业、海洋新兴产业销售额达到3.5万亿韩元、确保开发15个世界领先技术设定为2022年需要达到的三大目标。为此，韩国提出R&D系统创新、商业化和创业活性化、持续性成长期半扩充和八大战略新兴产业培育等四大战略措施。为提前创造国民能够亲身感受到的成果，韩国未来将进一步集中政策力量，优先选定和培育海洋装备制造业、海洋深层水利用业和海洋生物产业等部分战略性新兴产业。

三　韩国海洋经济面临的整体形势与主要战略动向

（一）韩国海洋经济面临的整体形势

近年来，韩国经济形势不容乐观。韩国国内存在大企业与中小企业之间实力悬殊、内需与出口不平衡状态加剧、社会贫富差距拉大、就业形势严峻、经济“无就业增长”等固有结构性问题；对外承受着新兴经济体国际竞争力不断提升、全球市场需求疲软、中美贸易摩擦、日韩半导体贸易摩擦等巨大压力。2018 年，韩国 GDP 增长率仅为 2.7%，是 2012 年以来韩国经济的最低增长率，明显低于同期世界经济增长平均水平。2019 年上半年，韩国出口额下降幅度超过 8%。出口在韩国 GDP 中占比仅为四成，出口受阻对韩国经济造成了很大负面影响。2020 年以来，受新冠肺炎疫情全球大流行的影响，韩国经济增长显著放缓，增幅创 2008 年国际金融危机以来最低，内外需求均遭遇重创，就业压力增加，通缩风险上升。

从近期来看，即便在新冠肺炎疫情影响下，2021 年韩国海洋水产部预算确定为 6.16 万亿韩元，比 2020 年预算 5.60 亿韩元增加了 10.0%，是海洋水产部 2013 年以来最大增长率。研究开发（R&D）预算比 2020 年预算增加 13.3%，扩大到 7825 亿韩元。2021 年，韩国将重点推进智能养殖模式建设，增加水产业设备安装支援费用，提升水产业竞争力；确保海洋产业安全，强化从业人员福利保障；推进港口再开发事业，扩充港湾社会间接资本，提升港口竞争力；加快玛丽娜港湾建设，提高海洋观光活力；推进釜山北港整治修复和海洋垃圾管理，强化海洋环境保护。此外，为了尽快支援因新冠肺炎疫情而陷入困境的海洋企业和海洋产业从业者，计划在 2020 年末制订具体支援计划，并在2021年执行。①

从远期来看，韩国将以建设“全球海洋强国”为愿景，以“更清洁、更安全、更高产的海洋”和2030年海洋产业增加值占GDP比重扩大到10%为目标，聚焦6个政策方向持续努力。①重建世界排名第五的海运强国，将本国港口建设成全球物流中心；②恢复渔业资源并培育高附加值水产业；③培育海洋休闲旅游产业，营造良好的创业、投资生态系统；④保护海洋环境，加强海上安全管理，实现大型海洋事故Zero化；⑤推进“渔村新政300事业”，建设充满活力的渔村，实现沿海地区经济繁荣；⑥维护海洋领土完整，强化国际海洋领导国家的地位。②

（二）韩国海洋经济的主要战略动向

综合考虑韩国海洋经济发展现状与政策导向、新冠肺炎疫情防控下的国际形势变化，可以预见韩国未来海洋经济发展具有以下五大战略动向。

1. 提升海洋支柱产业竞争力，保证国家经济增长

韩国在海运物流业、港口业、造船业、水产业等领域的产业结构和技术水平均处于全球领先地位，也是本国的支柱产业。世界经济持续低迷叠加中美贸易摩擦、新冠肺炎疫情等全球性事件的连续冲击，使得韩国海运物流、造船、水产等海洋支柱产业受到严重冲击。在世界经济的不确定下，韩国将推进多种举措提升海运物流、港口、造船及水产业的竞争力，旨在从海洋支柱产业中取得可视性成果，以保证国家经济增长。通过扩展港口服务功能、开发新航线、加强国际海运交流等，巩固东北亚物流中心地位；强化韩国造

① 해양수산부（海洋水产部），“년해수부예산이 6 조 1,628 억원으로확정되었습니다！（2021年海水部预算确定为6兆1628亿韩元！）”，https://blog.naver.com/koreamof/222167908621，最后访问日期：2021年1月3日。

② 해양수산부（海洋水产部），“비전및목표（展望及目标）”，http://www.mof.go.kr/content/view.do?menuKey=408&contentKey=2，最后访问日期：2021年1月3日。

船业专利培育与布局工作，为抢占市场份额打好技术基础①；实现生产、加工、流通、出口全链条的技术提升，将水产业发展成未来产业。

2. 培育海洋新兴产业，为海洋产业可持续发展创造未来增长动力

当前，中国、日本、欧盟等主要国家和地区正在战略性培育海洋新兴产业。目前，韩国海洋新兴产业培育效果还不理想，2018 年海洋创业企业占全国创业企业的比重仅为 2.5%，海洋产业 R&D 占全国 R&D 预算的比重仅为 3.1%。为了确保海洋价值、创造就业岗位并挖掘未来增长动力，韩国政府将对海洋领域创新创业进行系统的支援。一是通过技术融合、产品和服务融合，以及海洋领域“政、产、学、研”合作建立海洋产业生态系统；二是将海洋科学技术振兴院（KIMST）指定为海洋领域创业与投资专责机构，推进适合各增长周期、各产业领域的个性化政策；三是将政府主导 R&D 模式转换为以企业、产业需求为基础主导的市场指向型 R&D 模式，同时，通过多种举措来刺激招商引资；四是搞活海洋与水产领域的投资，2019 年在韩国产业母基金中新设海洋产业母基金，重点投资海洋中小企业及风险企业，未来将继续扩大海洋产业母基金的规模。

3. 推进数字化、智能化，开启海洋第四次产业革命

科技是驱动海洋经济发展与转型的核心动力。近些年，由于经济、社会全领域的破坏性变化，未来 10 年的变化将超越过去 100 年的变化。因此，世界主要国家均拟通过 ICT、IoT、AI 等技术融合，复兴面临增长限制的本国产业。韩国政府也设立了“第四次产业革命委员会”，正式开始应对第四次产业革命。海洋领域也以“培育强竞争力海洋产业，提供智能化海洋公共服务”为目标，制定了海洋第四次产业革命综合对策。未来，韩国将提升水中机器人、自动航运系统、智能港口、智能养殖等领域的核心技术水平。同时，利

---

① 王楚：《力保“领头羊”地位，韩国造船业积极构筑“专利堡垒”》，《中国船检》2020 年第 10 期。

用尖端技术进行公共服务革新，计划建立海洋产业公共数据平台，推进智能型海上交通信息服务（e-Nav）示范运营，建立以尖端ICT为基础的海洋安全综合管理体系等。①

4. 强化海洋环境与海洋空间管理，营造国民切身感受到的洁净海洋环境

由于国土面积和资源条件的限制，韩国政府近年来将绿色发展上升到国家战略的高度，在海洋领域的管理力度也不断加大。强化海洋环境保护，制定了海洋废弃物管理法，并推进海洋塑料垃圾减少30%的全周期管理和港口微尘减少50%的排放源综合管理，加强对日本放射性污染水排放的定期监测调查；加大海洋空间综合管理力度。随着海洋空间开发力度的加大以及开发利用活动的复杂化和多样化，韩国海洋生态系统饱受压力且利益相关者空间利用矛盾层出不穷。为提前调整海洋利用矛盾，将"抢占式海洋利用"转变为"先计划后利用"方式，系统地进行海洋空间管理，韩国将基于2018年4月制定的海洋空间规划法和2019年7月发布的海洋空间基本计划（2019～2028年），全面推进全海域的海洋空间管理计划，计划在2021年之前针对全海域制订各阶段的海洋空间管理计划。到2022年，指定34个海洋保护区，完成20个海滩修复。

5. 推进国际合作，走海洋发展共赢之路

韩国一直积极推进多双边贸易协定谈判。截至2019年6月，韩国贸易自由化率（已签署或生效自由贸易协定对该国贸易的覆盖率）达67.9%，位居世界第一。因此，在新冠肺炎疫情影响下，即便世界经济进入逆全球化潮流，韩国也会在适度保障经济安全的前提下，基于国家根本利益继续主张维护世界自由贸易秩序和维持经济开放环境，持续推进国内产业的高附加值化。2017年5月文在寅政府执政后，大力推进多边外交以及经贸领域的"新北方政策"和

---

① 해양수산부（海洋水产部），"2020 년해양수산사업시행지침서（2020年海洋水产事业实施方针）"，https://www.mof.go.kr/article/view.do?menuKey=647&boardKey=57&articleKey=28421，最后访问日期：2021年1月3日。

“新南方政策”。“新北方政策”重点推进与朝鲜、俄罗斯的合作，对接中国“一带一路”，并开辟北极航线，旨在提升东北亚区域合作水平；“新南方政策”则大力发展与东盟国家及印度的关系，降低对美国、中国等的贸易依存度。截至 2019 年 9 月，文在寅总统已经遍访东盟十国，与各国相互分享经验并探讨合作可能性，彰显了东南亚在韩国外交中的地位。① 而“区域全面经济伙伴关系协定”（RCEP）的签署更是极大地鼓舞了韩国继续在自由贸易之路上行稳致远。

四　中国的应对策略

（一）调整海洋产业结构，培育产业集群

新冠肺炎疫情下全球经济增长放缓，产业链和供应链面临挑战，世界产业发展格局与路径正发生大的变革，海洋产业受到深刻而长远的影响。但疫情防控时期，海洋经济将有望成为经济增长、产业升级的新引擎。韩国、日本等国家都在加大力度制定海洋发展战略，谋划未来发展路径，争取获得先机。中国正在从海洋大国向海洋强国转变，必须准确把握“十四五”乃至未来一段时期经济发展趋势，树立新海洋经济发展思路，寻求海洋经济发展新空间和新赛道，实现产业的转型升级和高质量发展。一是应持续调整海洋产业结构，增加政策与科技投入，推动行业重组整合和技术进步，促进海洋渔业、海洋船舶制造、港口运输等传统优势产业提质增效；培育壮大海洋生物、海洋高端装备制造、海水淡化、海洋可再生能源、海洋信息与数字产业、海洋大健康、海洋高技术服务业等战略性新兴产业。二是在新冠肺炎疫情影响下，面对产业链对外转移的风险，需高度重视海洋产业集群的培育。通过深化经济体制改革营

① 董向荣、金旭：《东南亚何以成为韩国对外经济合作重点》，《世界知识》2019 年第 21 期。

造更加优良的营商环境、制定有针对性的招商引技和研发投入策略、鼓励区域产业链上下游企业进行重组整合等方式，打造若干龙头企业引领、产业协作协同、供应链集约高效的海洋特色产业集群，不断提升国际竞争力。需要注意的是，虽然当下贸易保护主义盛行，全球化受到重创，但对外开放依然是主流，未来经济合作区域化是必然方向。因此，中国在推动产业集群发展、制定产业政策，且不能采取自给自足的“全产业链”模式时，要合理利用区域产业分工、转移和要素流动趋势，注重突破重点领域并参与国际竞争。①

（二）推进智能化建设，引领创新驱动发展

为寻求海洋经济发展新动能，中韩两国均将智能化引领的科技创新放到国家战略举措的核心位置。韩国政府设立“第四次产业革命委员会”，制定了海洋第四次产业革命综合对策，在航运、港口、养殖、公共服务等诸多领域展开科技竞争攻势。党的十八大明确强调“坚持走中国特色自主创新道路、实施创新驱动发展战略”，在新冠肺炎疫情影响下开启以5G、人工智能、工业互联网、物联网为代表的“新基建”建设。因此，为了抓住新一代科技革命带来的新机遇，在全球科技竞争中占据优势地位，大力推动大数据智能化建设，加快海洋科技创新步伐理应成为中国当下海洋经济发展的重要任务。中国海洋经济发展需建立以企业为主体、以市场为导向的创新体系，形成科技服务于经济的良好体制和机制；创新金融方式，完善资本市场，形成有利于创新的生态环境。积极推进数字化、智能化、无人化技术向海洋产业领域渗透，加快发展深海智能养殖装备、自动航运船舶、水下机器人等人工智能设备，推进海洋物联网和海洋大数据产业化基地建设等。此外，中国可在第四次产业革命进程中，努力挖掘与韩国的共同

---

① 冯立果：《韩国的产业政策：形成、转型及启示》，《经济研究参考》2019年第5期。

利益基础与合作潜力，推动中韩在5G、人工智能、物联网、大数据等新科技领域展开合作。韩国船舶制造、航运等行业整合重组造成的企业裁员也为中国引进人才提供了机会，中国相关企业可考虑引进韩国高技术产业人才，进一步提升中国的研发与建造技术能力，缩小在相关技术领域的差距。①

（三）坚持生态优先，促进海洋经济绿色发展

绿色发展是谋求人与自然和谐共生、经济与生态协调共赢的重要路径，许多国家将其作为推动经济结构调整的重要举措。韩国近些年大力推动海洋领域绿色发展，积极建立绿色智能养殖体系、建设 LNG 动力船舶、治理海洋塑料垃圾和港口微尘等，加大了海洋空间综合管理力度。与此同时，中国海洋生态文明建设取得显著成效。党的十八大以来，中国三次修订《中华人民共和国环境保护法》，建立并实施重点海域污染总量控制制度、海洋生态红线制度、自然岸线保有率控制制度、生态环境损害赔偿制度、海洋督察制度，出台《关于加强滨海湿地保护严格管控围填海的通知》，实施最严格的围填海开发管控制度。健全自然资源资产产权制度和用途管制制度，加快建立系统完整的生态文明制度体系，引导、规范和约束各类开发、利用、保护自然资源的行为，将生态文明建设和海洋强国建设推到前所未有的历史新高度。2019 年 5 月，《中共中央、国务院关于建立国土空间规划体系并监督实施的若干意见》正式印发，要求实现“多规合一”，坚持陆海统筹、区域协调、城乡融合，优化国土空间结构和布局。未来，中国需保持生态优先、绿色发展的战略定力，持续完善海洋绿色发展的制度设计，加快海洋生态产业化、海洋产业生态化，强化社会绿色消费导向，推进绿色金融创新与持续供给。此外，为了中韩两国合作关系取得面向未来的发展，应积极推进两国在海洋绿色发展领域开展合作，强化海洋空间

① 敖阳利：《韩国造船“托拉斯”是否会遭“扼杀”?》，《中国船舶报》2019 年 3 月 15 日，第 4 版。

规划技术交流与合作。

（四）树立全球视野，谋划对外开放新格局

为应对国际经济环境变化、顺应中国经济发展新阶段的内在要求，党中央提出要“加快形成以国内大循环为主体、国内国际双循环相互促进的新发展格局”。这并不意味着对外开放的后退，而是要求进一步坚定全球化的信心，实现基于制度规则的、可应对不同外部市场变化的、可适应开放程度阶段性变化的、能够引领全球化长期发展的更高水平的开放。这需要中国进一步破除机制障碍，消除市场壁垒，构建开放型经济新体制；加快推进“一带一路”建设，为中国对外合作开辟新渠道和新平台；提升自贸区建设水平，并将自贸区逐步由沿海地区推向内陆地区。在海洋经济领域，中国需进一步强化海洋国际运输通道和节点建设，全方位提升航运自主服务保障功能；深化双多边渔业合作，积极参与国际渔业条约、协定和标准规范的制定；稳步推进海运业对外开放，支持企业参与国际海运标准规范的制定；完善国内国际区域旅游合作机制，统一国际国内旅游服务标准，推动中国同东南亚、南亚、中亚、东北亚、中东欧的区域旅游合作；与国际技术转移组织联合培养涉海的国际化技术人才。通过“走出去”，为中国海洋产业拓宽渠道、拓展空间。通过“引进来”，为海洋传统产业转型升级、海洋新兴产业发展提供更加有力的技术人才和服务支持。

中韩两国是近邻，都是自由贸易和开放型世界经济的践行者和维护者。中国的“一带一路”倡议与韩国的“新南方政策”“新北方政策”具有诸多契合点，且韩国也在公开场合表达过想要加入“一带一路”相关建设的意愿①，“区域全面经济伙伴关系协定”（RCEP）的签署更是为中韩合作带来了新的重要机遇和更大的市场空间。因此，在巩固中韩现有合作基础上，需加快推进中日韩自由

① 袁达松、黎昭权：《“一带一路”背景下包容性的中国—朝鲜—韩国经济合作框架》，《东疆学刊》2019 年第 4 期。

贸易协定（FTA）谈判，深化产业间交流与合作，积极挖掘两国合作潜力，推进合作共赢。具体到海洋领域，建议依托两国在区域基础设施建设上的独特优势，共同推进中韩沿海和共建“一带一路”国家海港设施、海底管道和物流枢纽等基础设施建设①；加强海水养殖、种苗孵化、水产加工和海洋牧场技术合作，推进中韩非法渔业联合管制；积极挖掘中韩两国在海洋装备制造、海洋深层水利用和海洋生物资源商业化应用领域的合作潜力；共同探索推进 5G、人工智能等新技术在海洋产业中的转化应用。

The Development Status, Strategic Trends of Korea's Marine Economy and China's Countermeasures

Xing Wenxiu, Liu Dahai

(Research Center for Coastal Science and Marine Development Strategy, First Institute of Oceanography, Ministry of Natural Resources, Qingdao , Shandong, 266061, P. R. China)

Abstract: Korea attaches great importance to the development and utilization of the ocean, regards the marine economy as a new engine for economic growth and industrial upgrading, and aims to build a "global maritime power". The changes of marine development environment and the situation at home and abroad under the COVID-19 have prompted Korea to seek industrial strengthening and growth maintenance through multiple channels and strategies. On the basis of combing the marine administrative promotion mechanism of Korea, this paper systematically analyzes the development status and policy trends of the main marine in-

① 唐亦：《当前如何推进中韩经济合作》，《广西质量监督导报》2019 年第 8 期。

dustries in Korea, and judges the main strategic trends in combination with the overall economic situation and international environmental changes of Korea. Furthermore, this paper puts forward China's countermeasures from the aspects of industrial structure, innovation driven, green development and opening up. This study can provide useful reference for China's marine economic development and foreign cooperation policy-making.

Keywords: Korean Marine Economy; Korean Maritime Administration Mechanism; Korean Exports; Korean Major Marine Industries; Fishing Village Construction in Korea

（责任编辑：孙吉亭）

·海洋文化产业·

数字时代海洋文化传播的创新及对海洋文化产业的作用*

马克秀　张　鑫**

摘　要　本文首先分析了数字时代海洋文化传播的现实困境，从传播理念、传播手段、组织模式和人才培养等方面指出当前海洋文化传播发展的局限性。在此基础上，研究了海洋文化传播如何从微博、微信、短视频、Vlog/Plog以及VR/AR等路径上进行创新，采用新技术与讲好海洋故事相结合的模式，生产出匹配当前受众信息获取习惯的海洋主题内容，以实现有效的传播。最后，本文从理念创新、组织创新、制度创新和人才培养创新四个方面提出海洋文化传播发展的对策，为数字时代海洋文化传播的创新提供理论支撑，并从数字媒体的角度出发为海

* 本文为国家社会科学基金青年项目“海洋强国战略下海洋文化传播路径创新研究”（项目编号：20CXW015）的阶段性成果。

** 马克秀（1987～），女，博士，青岛大学新闻与传播学院副教授，复旦大学新闻学院博士后，主要研究领域为海洋传播、新媒体与社会发展。张鑫（1984～），男，青岛大学经济学院博士研究生，主要研究领域为海洋经济、海洋文化产业。

洋文化产业发展提出可能的建议。

关键词　数字时代　海洋文化传播　传播生态链　海洋文化产业　海洋信息

海洋孕育了生命。维护人类与海洋的关系、保护好海洋生态环境，需要人类对海洋有深度的认知。而实际生活中，由于客观条件的限制，大部分人无法通过亲临接触来了解海洋，因此对海洋的认知依赖于信息的中介，即“媒介”。这意味着，媒体首先需要遵循传播规律，对海洋主题信息进行客观的呈现，以提供一个关于海洋认知的“拟态环境”，发挥传递好海洋信息的功能；然后要思考媒体如何呈现海洋信息、如何讲好海洋故事以及如何创新海洋信息的传播路径等问题，以更好地借由媒介构建人类与海洋社会的关系。

海洋文化传播实践区别于陆地媒体传播的地方在于，前者依赖于人类对海洋探索的发展进程。大航海时代以来，人类对海洋的认识与探索发展迅速，伴随声呐技术、深海摄像技术、AR/VR、海洋Argo计划浮标观测网等技术的完善，可以说在物理层面上实现了“透明海洋”的观测体系。同时，随着“海洋强国”“海上丝绸之路”“海洋命运共同体”等的不断推进，数字时代海洋文化传播在平台载体、分发方式、制度保障以及人才培养等方面逐步具备了相应的条件。

一　数字时代海洋文化传播的现实困境

随着人类海洋探索技术的不断演进以及互联网新媒体技术的不断发展，数字时代海洋文化传播已经具备了一定的硬实力，例如实现了海底电视直播、VR海洋游戏甚至是新媒体平台的常态化海洋传播等。但从传播实践现状来看，目前海洋文化传播在传播理念、传播手段、组织模式以及人才培养等软实力方面还存在不少难题。

（一）传播观念亟须转换

卡尔·施米特在《陆地与海洋：世界史的考察》一书中说道："我们只是把自己制造出来的地球图景称之为陆地图景，而忘记了我们还可以把它叫作海洋图景。"[①] 海洋文化传播应是传播学研究的一个重要领域，它在一定程度上突破了人类以陆地为中心的传播理念，为传播学理论研究与实践发展提供了一个"非陆地中心主义"的视角。因此，海洋文化传播的媒体实践想要做好，首先需要"非陆地中心主义"传播观念的建立，需要传播思维从陆地中心拓展至海洋议题。海洋文化是指人类基于海洋而创造和传承发展，包括物质的、精神的、制度的、社会的文明生活。[②] 其内涵非常丰富，包括区域海洋文化、海岛旅游文化、渔村风俗文化、海洋美食文化、航海文化、海洋非物质文化及海洋名城建设等方面。海洋文化传播需要对不同的海洋文化领域进行全方位的媒介呈现。

（二）传播模式较为单一

我们当前生存和未来面向的社会是网络化高度发达的数字社会，它被曼纽尔·卡斯特称为"网络社会"。网络社会在时空结构上呈现"流动的空间"和"无时间的时间"等特性[③]，在叙事模式上也颠覆了原有的传播模式。数字时代人们的生活、阅读、文化、权利等都发生了变化，海洋文化传播的媒体实践自然需要符合网络社会中人们对信息的获取与阅读的习惯。例如 B 站、抖音、视频号等平台上的专业人士或关键意见领袖（Key Opinion Leader，KOL），可以通过大众化、轻松化甚至是娱乐化的方式将专业知识进行科普

① 〔德〕卡尔·施米特：《陆地与海洋：世界史的考察》，林国基译，上海三联书店，2018，第 59 页。

② 曲金良主编《海洋文化概论》，青岛海洋大学出版社，1999，第 7～8 页。

③ 〔美〕曼纽尔·卡斯特：《网络社会的崛起》，夏铸九、王志弘等译，社会科学文献出版社，2003，第 490～491 页。

呈现，从而成为垂直领域的意见领袖。

海洋文化的媒介传播也遵循着同样的规律。这意味着讲好海洋故事的模式需要转向网络化叙事，超越原有传统媒体进行的海洋文化报道，以及传统媒体的新媒体内容中涉猎的海洋议题，从原有的相对单一、线性的传统媒体传播转向新型的多元化、交互性的海洋文化传播模式。

（三）组织模式不够灵活

从权力建构的层面上分析，数字时代组织的含义将发生重大变化。反观媒介组织的形态也正在逐渐演化，允许金字塔结构存在，也允许扁平化组织结构存在，当然更允许网状结构存在。其中的关键点在于：媒体的组织结构和运转方式与整个信息网络的关系密切，自组织成为发展的重要力量。例如，以知乎为代表的知识问答平台、以视频号为代表的短视频平台，其背后的组织模式已经转化为扁平化的、开放协同的组织形式。

海洋文化传播的发展更需要组织结构的调整，究其原因有三：首先，海洋文化传播结合了传播学、海洋科学、社会学、生态学等不同的专业，在传播主体、传播内容、把关审核等环节都需要进行资源整合；其次，海洋文化传播想要实现有效的传播效果，还需要沿海和内陆资源的统筹结合；最后，在海洋命运共同体理念之下，海洋文化传播的国际化发展需要考虑国内外资源的协同运作。基于以上三个原因，当下海洋文化传播的媒体实践需要进行组织结构的重新调整，将占主导地位的层级制媒体组织结构演化为网络式、扁平化的模式。

（四）人才培养机制缺乏

数字时代海洋文化传播事业的发展需要更加专业化的人才队伍，对人才能力的要求也更加综合，他们首先要具备较强的新媒体内容生产、运营的能力，以实现新媒体环境中的海洋文化传播；其次要具备较高的海洋素养，对海洋文明、海洋意识、海洋大科学等方面有基础的了解，有助于在专业领域与海洋科学家建立密切的联系；最后要具备较高的科学素养，这也是海洋文化传播人才的必备素养之一。当前，海洋文化产业的迅速发展需要大量的跨领域人才，但中国却缺乏综合型人才的培养机制。幸运的是，我们发现这种培养模式已经开始萌芽。例如 2019 年成立的厦门大学 70.8 海洋媒体实验室成为海洋文化传播领域人才培养的一个典型模式。该实验室是新浪厦门和厦门大学地球科学与技术学部携手共建的海洋媒体实验室，是首个顶尖科研机构与权威媒体联合创建的海洋媒体实验室，也是全国首个致力于创新海洋科学传播模式的海洋媒体实验室。

二　数字时代海洋文化传播的创新路径

从《海洋世界》期刊创办、《海洋预报》电视节目播出、《中国海洋报》创刊等早期的传播实践，到数字时代的海洋文化传播，我们看到海洋文化的传播主体、传播内容、传播方式、受众等方面都发生了巨大的变化。从传播主体看，有些地方电视台开始设立海洋频道，例如三沙卫视、威海市广播电视台海洋频道，短视频平台也开始涌现出自由潜水者、帆船爱好者等群体开设的自媒体账号，例如“DADA 与她的船长”等；在传播内容上，海洋文化传播内容扩展至海洋政治、经济、文化、社会和生态等多个层面；在传播方式上，国内原创海洋纪录片逐渐增多，VR 深海直播及 VR 游戏可以让观众获得沉浸式深海体验，海洋主题的短视频让更多人在手机端领略海洋文化的丰富性。接下来，我们将从不同的媒介载体来分析数字时代海洋文化传播可能的创新路径。

（一）微博

微博是一种建立在弱关系之上的社交媒体，微博的用户往往更愿意主动获取异质性的信息，年轻人尤其是 90 后对微博的使用频率、使用黏性都非常高，因此，微博是数字时代海洋文化传播不能忽略的重要载体之一。海洋主题的微博账号目前主要包括三大类：第一类是机构类账号，例如“国家海洋预报台”“海洋世界杂志”等，其内容结合了机构的业务定位、活动策划以及宣传主题；第二类是科普自媒体的账号，例如“海洋生物大百科”“独立导演谢飞”“开水族馆的生物男”等，自媒体的账号内容更加灵活，与自媒体人关注的领域、擅长的内容等关联性较高；第三类是微博超级话题如“潜水摄影”等，兴趣社群可以更好地链接志同道合的人，传递海洋科普、海洋文化传播等方面的信息。

（二）微信公众平台

微信公众平台的海洋类自媒体发展迅速，也更具有品牌化运营的特点。例如专注于海鲜食品鉴定的“海鲜明鉴”、专注于智慧海洋新闻报道的“海洋知圈”、专注于帆船文化传播的“赛领”、专注于海洋科学传播的“海错拾遗”，它们在内容品牌化运营、团队建设、线上线下整合传播等方面都独具特色。微信公众平台上的海洋文化传播可以发挥以下优势：首先是采用融媒体传播的形式，可以学习“我们的太空”自媒体矩阵，通过图文、音频、视频等将深度科普内容进行大众化呈现；其次是可以采用社群传播的方式，将读者聚在一起讨论，例如厦门大学“不懂实验室”的自媒体账号，就组建了一个不懂实验室的粉丝群，大家经常讨论一些话题，并且还有专业人士、科学家在群里为大家解答问题，很好地促进大家深度理解海洋文化、参与海洋文化的传播。

（三）短视频平台

短视频平台是海洋文化传播的又一阵地，海洋主题的短视频内容属性类似于海洋微纪录片，可以说是海洋主题纪录片的延伸化传播。目前海洋文化的短视频主要发布在抖音、快手、视频号及 B 站等四大平台上。例如抖音平台上的“DADA 与她的船长”，通过一名自由潜水者的所见所闻来讲述海洋故事以及传递海洋环境保护、海洋生物保护等内容，这种通过 KOL 对其生活方式的视频展现，关联了海洋文化内容的视频呈现方式，具有深入人心的传播效果。视频号“海洋知识局”作为线上海洋科普的品牌，包含短视频、短音频、社群交流等多元的交互渠道。被称为“小破站”的 B 站是 90 后手机上的必备视频 App，平台上的涉海账号不少，例如“中国海洋大学”“人民海军”“潜水者”等。5G 技术的落地将会带来短视频的新一轮爆发，手机小屏与电视大屏的切换、竖屏内容的叙述模式等逐渐被内化为人们的信息接收习惯。所以，未来海洋主题的短视频传播无论在创作数量、内容创新还是讲故事的模式上都有很大的发展空间。

（四）Vlog、Plog 形式

Vlog（Video Blog）是视频风格的一种，主要以日常生活的记录为内容。2018 年 Vlog 的概念开始进入中国，许多明星、个人视频创作者开始拍摄 Vlog。由于 Vlog 的镜头言语、人物特性和自我表达都很鲜明，且强调“去表演化”和日常化的视频记录，Vlog 逐渐成为年青一代的新型生活记录方式。在海洋文化传播领域，也有不少精品的 Vlog 内容，例如 B 站上的“我终于知道偶像剧里为什么要在水族馆告白了”。“DADA 与她的船长”“曲兰和他的热浪”账号中的很多作品都是采用制作精良的 Vlog 视频来呈现海岛旅游、海洋生态保护等方面的内容。与此同时，2019 年开始流行起来的 Plog（Photo Blog）也是海洋文化传播可以采用的一种新路径。Plog 是单纯以图片形式配上灵动的文字以向观众更准确地解释图片内容。相对于 Vlog 来说，Plog 所受到的环境和器材的束缚更少。“快乐摄影，随心记录”是 Plog 的最大特点。目前，海洋旅游、海洋非物质文化遗产的内容更适合以 Plog 的形式出现。

（五）虚拟现实技术

虚拟现实技术包括 VR、AR、MR 等技术，它们在海洋仿真、深海探索、海洋工程作业、海洋空间管理利用、海洋生态保护等方面都有着广泛的应用，在海洋教育、海洋传播上的应用也越来越多。例如深海虚拟现实技术实验室将作为一个载体，将中科院深海所采集的深海数据结合 VR 技术进行可视化输出，从而更好地应用于科学知识的传播与普及。北京诺亦腾科技有限公司联合创始人及 CEO 刘昊扬说道："我们将努力在海洋科学研究、海洋知识普及、海洋与生态资源可视化运用以及综合性虚拟现实技术等方面，做出有价值的贡献。"[①] VR 技术可以结合其他媒介共同呈现。例如，①VR电影。AR/VR 技术在海岛、赛事及水上娱乐项目推广等领域的应用更加广泛，例如研究人员采用 VR 来探索位于海面下大约一英里的热液喷口。[②] ②VR 直播。为宣扬海洋环境保护，全球最好的水族馆之一——美国蒙特利湾水族馆，在 2018 年 6 月 8 日，携手看到科技 KANDAO、VRTUL 影视公司，开启了一场别开生面的水下全景直播，在 Facebook、YouTube、Twitter 上吸引了 10 万人围观。③VR 游戏。《蓝色海洋》（The Blu）是一款画面美丽的深海体验类游戏。那些人类所不能去到，却又无比神秘美丽的地方自然成为人们的向往，而 VR、AR 技术帮助人们"进入"海洋。

三　数字时代海洋文化传播的发展策略

（一）走向公众参与的海洋文化传播

海洋文化传播具有较强的科学传播属性，需要遵循科学传播规律。国际上科学传播经历了三次范式转换，最早的范式是科学普及，其基本观点是科学技术对社会影响重大，有必要通过科普工作把科学知识、科学方法和科学精神从科学家那里传递到普通大众那

① 《中科院与诺亦腾合作建立深海虚拟现实技术实验室》，87870 网站，http://www.87870.com/news/1704/18145.html，最后访问日期：2020 年 12 月 31 日。

② 《VR 用于海洋探索，这是什么样的体验?》，搜狐网，https://www.sohu.com/a/437655804_120796861，最后访问日期：2020 年 12 月 31 日。

里，帮助人们更好地理解科学、使用科学并支持科学事业的发展。[①] 第二代范式是公众理解科学（Public Understanding of Science, PUS），二战以后随着大规模杀伤性武器、生物技术、新能源技术的面世和快速发展，社会对科技与生命健康、社会伦理方面的担忧逐渐加深，公众对科学的支持和赞赏程度下降，其中一些人甚至认为科学技术将走向失控，成为社会的不稳定因素。[②] 公众理解科学运动并未如愿缓解科学与公众之间的紧张状态，科学传播的第三种范式——"参与范式"应运而生。参与范式（The Public Engagement with Science and Technology，PEST）也被称为"对话模式"或"民主模式"，强调公众应该参与科学的进程，专家和外行之间应该开展建设性的讨论。

可以说，当前的海洋文化传播正处于科学普及的第一阶段，帮助大众理解海洋文化、海洋科学知识是媒体传播的重点内容。然而，新媒介技术因其交互性、参与性、沉浸性等特点，可以让海洋文化传播的受众及时、深度参与进来，这也是数字时代海洋文化传播的优势。因此，上述几种数字时代海洋文化传播的创新路径，在发展策略上需要考虑到大众的参与、对话，从而形成一种横向的、对等的、有效的传播模式。

（二）采用开放协同的创新模式

海洋文化传播生态体系建设的发展模式是实现开放式协作。所谓开放式协作，指的是海洋文化传播在传播主体上要汇聚群众智慧、在资源整合上要实现开放式创新、在组织模式上要实现自组织化发展。具体包括三个层面：首先，媒体与涉海机构、涉海工作者、海洋文化公共空间、海洋科学家等学术智库构建开放式协作体

---

① 〔英〕J. D. 贝尔纳：《科学的社会功能》，陈体芳译，广西师范大学出版社，2003，第 341～355 页。

② 〔英〕英国皇家学会：《公众理解科学》，唐英英译，北京理工大学出版社，2004，第 1～3 页。

系，例如2018年国际海洋科普联盟在青岛市成立并启动运行，搭建全球范围内的海洋知识交流、讨论、传播和共享平台；其次，沿海与内陆地区的媒体联动形成海洋文化传播的内容共享与协作传播，例如沿海城市的原创电视节目可以授权内陆地区媒体使用，内陆地区媒体则结合自身的发展定位，予以海洋节目适当的时长；最后，国内外海洋文化创作团队进行深度协作，如很多海洋题材的纪录片像《蓝色星球》《深潜》《水下中国》等都是由国内外海洋纪录片团队进行联合创作、出品与发行，这样可以形成区域、资源、技术上的统筹发展。

（三）传播制度的守正与创新

2013年，习近平总书记提出要进一步关心海洋、认识海洋、经略海洋。2018年，党的十八大报告首次完整提出“海洋强国”战略。2019年，习近平总书记在青岛出席中国人民解放军海军成立70周年多国海军活动时，又提出“海洋命运共同体”的理念，这一系列重要制度的提出不断推动着“海洋强国梦”的建设。同时，海洋文化传播的制度也在不断创新和发展，例如2018年《山东海洋强省建设行动方案》中明确指出要“全面增强海洋意识”[①]，指出要将海洋文化教育纳入全省各级各类宣传教育体系，推动海洋知识、政策、法律等进教材、进课堂、进校园、进机关、进企业、进社区，全面增强蓝色国土意识、陆海统筹意识、抱团向海意识、海洋环保意识和海洋安全意识，在全社会进一步营造关心海洋、认识海洋、经略海洋的浓厚氛围。围绕21世纪海上丝绸之路、海洋强国、海洋强省建设，依托主流媒体资源和新业态，讲好海洋故事，传播海洋知识，推动海洋意识由沿海向内陆传播。同时，科普协会、海洋公共文化场馆等都开始制定自己的传播制度，推动数字时代海洋

① 《〈山东海洋强省建设行动方案〉（全文）| 每年筹集不少于55亿元财政资金！实施“十大行动”2035年基本建成海洋强省！》，搜狐网，https://www.sohu.com/a/231473296_351143，最后访问日期：2020年12月31日。

文化传播的发展。

（四）跨领域项目制人才培养

中国海洋文化传播领域需要加快专业人才的培养。这是因为，海洋文化传播的发展既需要理解新媒体的传播机制，又需要知晓海洋文化、海洋科学的基础知识，为海洋文化传播实践提供理论指导。同时，强大的智力支持是数字时代海洋文化传播发展的需要。海洋文化传播需要建立专家智库，对国家海洋文化传播战略进行深入领会和挖掘，规划好内外有区分的传播理念和策略，做到高效、精准、有影响力地传播海洋文化和海洋产业。[①] 最后，海洋文化传播团队应该与海洋科研团队进行深入交流，建立常态化沟通机制，形成产学研共同体，共同促进海洋文化传播与时俱进，从而推动国家海洋文化战略部署。

在跨领域项目制人才培养方面，我们可以借鉴美国伍兹霍尔海洋研究所（Woods Hole Oceanographic Institution，WHOI）的工作坊项目。2000 年以来，美国伍兹霍尔海洋研究所的海洋科学新闻工作坊项目（The WHOI Ocean Science Journalism Fellowship）开始设立科学新闻奖学金，向科学记者介绍广泛意义上的海洋学和海洋工程。该项目通过研讨会、实验室访问和简短的实地考察，让海洋科学新闻研究员获悉最新海洋研究成果，加强媒体和科学研究之间的联系。目前国内海洋文化传播人才培养较好的案例是厦门大学 70.8 海洋媒体实验室。该实验室以厦门大学为基地，充分融合社会化媒体的传播特性，连接全球海洋科研力量，致力于推动海洋科学大众化传播实践与理论的创新，增强公民的海洋意识。此外，青岛大学新闻与传播学院也已经组建了海洋文化传播的新媒体小组，通过新媒体技术的运用，探索海洋主题信息的视觉化呈现与传播。

---

① 杜娟娟：《“一带一路”背景下中国海洋文化传播的顶层规划与策略研究》，《新闻传播》2018 年第 11 期。

四　海洋文化传播的创新及对海洋文化产业的作用

随着国家海洋制度的推进、人们海洋意识的不断增强以及新媒体技术的迅速发展，未来海洋文化传播领域还将迎来一个发展的爆发期。数字时代海洋文化传播在保证内容专业性的基础上，还需从生产方式、营销思维、项目制度及人才队伍培养等方面，转变发展思维，适应新技术对海洋文化传播的影响。这种传播上的创新将在品牌建设、生产力变革、组织重构等方面推动海洋文化产业的发展。

（一）海洋文化传播创新有利于推动海洋文化产业的品牌建设

推进海洋文化产业的发展和供给侧改革，要始终加强海洋文化品牌体系建设，加强海洋文化产品高端供给。[①] 海洋文化传播创新发展将有利于海洋文化产业的品牌建设、IP 化发展。例如，位于天津市滨海新区的中国国家海洋博物馆，借助其微信公众号开设了海博电台、线上课堂、“探海”微视频等栏目，让喜欢海洋知识的受众通过其新媒体平台的数字服务，拓展了知识范围、强化了主题理解并增强了受众黏性。在品牌建设方面，海洋文化产业的发展可以借鉴“故宫博物馆”的新媒体营销方式：故宫博物院创建“故宫淘宝”微信公众号并推出数量众多的爆款文章；打造 IP 形象“故宫猫”，并开发设计百余款衍生品；成立数字博物馆，推出《我在故宫修文物》纪录片、出品 H5 作品《穿越故宫来看你》等。善用数字媒体传播的故宫博物院，其文化创意产品 2017 年收入就超过 15 亿元。因此，海洋文化产业的未来发展在品牌建设、跨界营销等方

① 徐建勇：《推动海洋文化产业发展》，《中国社会科学报》2018 年 4 月 9 日，第 7 版。

面要学会善用、巧用、智用数字媒体。

（二）海洋文化传播创新可以推动海洋文化产业的生产方式变革

网络社会中信息技术是生产力的重要组成部分。5G 时代高速率、低延时、超大数量终端网络的特征让人们流畅地观看视频，5G 技术还会和人工智能、虚拟现实、无人驾驶等技术融合发展，因此未来文化产业模式也在不断迭代、创新，从而推动海洋文化产业生产方式的变革。一方面，大众文化产业消费方式的变化，网红打卡、直播带货、数字阅读、品牌种草等数字消费模式的兴起，倒逼海洋文化创意产业的生产方式发生颠覆性变革，在生产主体上强调大众参与式创作，在内容创作上强调个性化定制，在渠道发布上强调数字化流通等。另一方面，海洋文化创意产业与其他文创领域的不同点在于海洋文化的传播对媒介的依赖程度更高，因此海洋文化产业创业团队要更懂得数字时代媒体的传播机制，将数字媒体作为海洋文化创意产业的重要生产力，以获得生产效率提升、传播效果放大、文创效益增大的效果。

（三）海洋文化传播创新助推海洋文化产业的组织重构

技术创新从根本上促成了用户、新媒体、海洋文化产业的关系连接与资源整合，构造了一条社会化、互动式的传播生态链。因此，海洋文化产业发展在传播的层面上要以用户参与为核心，实现海洋知识的大众化呈现，在专业网站、移动页面、微博、微信、短视频等平台上形成受众深度参与的内容布局。这种参与式文化产业的底层逻辑实际上已经发生变化，逐步形成“去中心化”的组织结构，并通过层层资源外链，形成海洋文化产业发展的社会网络结构。一方面，海洋文化传播的创新可以帮助海洋文化产业的资源重组，例如科普地理领域的文化品牌“星球研究所”经过 3 年的努力，已经成为科普地理领域的专业图书、音视频内容机构。该企业采用的就是核心团队加外链资源的方式，让摄影师、科普专家、图书编辑人员等都能以合适的方式参与其中。另一方面，海洋文化传播的创新可以形成海洋文化产业新的消费模式，从而产生新型文化产业机构。例如美食博主李子柒因其强大的自媒体影响力带火了螺蛳粉产业，2020 年 8 月柳州政府李子柒品牌召开新闻发布会宣布在柳州投资建造螺蛳粉线下工厂。这是数字时代的新消费模式。对数字原住民来说，通过抖音、淘宝直播间购买以及因小红书种草而选择品牌的商业模式将会成为常态，因此海洋文化产业的创新发展更需要理解海洋文化传播创新的机制，从而准确把握营销趋势、品牌发展、产品迭代等。

Innovation of Marine Culture Communication in Digital Age and Its Effect on Marine Culture Industry

Ma Kexiu[1], *Zhang Xin*[2]

(1. *School of Journalism and Communication, Qingdao University, Qingdao, Shandong, 266701, P. R. China;*

2. *School of Economics, Qingdao University, Qingdao, Shandong, 266100, P. R. China*)

Abstract: This paper first analyzes the practical dilemma of Marine Culture Communication in the digital era, and points out the limitations of the current development of Marine Culture Communication from the aspects of communication concept, communication means, organization mode and talent training. On this basis, this paper analyzes how to innovate the Marine Culture Communication from Weibo, WeChat, short video, Vlog/Plog and VR/AR, and how to produce marine theme content that matches the current audience's information acquisition habits by combining new technology with telling good marine stories, so as to achieve effective communication. At Lastpart, the paper puts forward countermeasures and suggestions for the development of Marine Culture Communication from four aspects of concept innovation, organization innovation, system innovation and talent training innovation, provide theoretical support for the innovation and development of Marine Culture Communication in the digital era, then this paper puts forward possible suggestions for the development of marine cultural industry from the perspective of digital media.

Keywords: Digital Age; Marine Culture Communication; Ecological Chain of Communication; Marine Culture Industry; Marine Information

（责任编辑：孙吉亭）

· 书评 ·

供给侧结构性改革推动中国船舶工业实现高质量发展

——评《中国船舶工业战略转型研究》

纪建悦*

谭晓岚同志所著的《中国船舶工业战略转型研究》已由人民出版社出版。该书观点鲜明、特色突出，不失为一部研究中国船舶工业实现高质量发展的优秀专著。它的出版，丰富了中国船舶工业经济发展研究理论。

改革开放以来，中国船舶工业发展迅速，三大造船指标多年连续稳居全球第一，是全球名副其实的第一造船大国。船舶工业在全球海洋竞争中的战略地位，也吸引了国内外学者针对船舶工业的未来发展进行广泛深入的研究。从国内外学者针对船舶工业的未来发展研究来看，国外学者的研究主要遵循技术市场导向原则。他们认为技术发展演变决定了全球船舶工业发展趋势。随着资源的枯竭、海洋生态环境的恶化，节能减排、绿色发展是全球船舶工业未来发展的总趋势，因此船舶动力设备技术、船用材料技术、船舶排放技术是未来船舶工业技术发展主要方向。市场导向研究者认为，全球船舶工业发展需要实现从“量”向“质”、从“规模”向“效益”的转变，通过产品的质量获得市场竞争优势；也有学者提出可以通

* 纪建悦（1974～），男，博士，中国海洋大学经济学院副院长、教授，博士研究生导师，主要研究领域为国民经济学、公司金融。

过产业组织结构调整、提高企业组织竞争力，增强竞争者的竞争优势，积极开拓海外市场。国内学者的研究基本遵循问题导向原则，其研究角度集中在中国船舶工业发展目前主要面临的融资难、产业结构不合理、技术竞争力不强、产能过剩等问题。从研究的内容上看，国内学者主要研究问题存在的表象，造成问题的直接原因等。其中产能过剩问题研究是近几年研究的热点，在研究内容上主要集中在中国船舶工业产能过剩的根源、产能过剩的本质及其对策研究等。在解决产能过剩问题的对策上，一是提出“走出去”战略；二是提出中国船舶工业“去产能”的重点是推进供给侧结构性改革，增强船舶工业供给结构对需求变化的灵活性；三是提出中国船舶工业“去产能”需精准扶持，避免金融政策“一刀切”。

国内外学者关于船舶工业发展问题的理论研究成果丰硕，但在实际应用中指导效果不是很明显。比如国外学者进行纯粹的技术市场导向研究。其研究成果难以解决中国船舶企业复杂产权结构情况下的经营管理问题和行业发展的市场规范问题。国内学者仅从问题表现探讨解决问题的对策，不从化解企业产权组织结构导致的经营权与所有权之间的矛盾上探讨对策。这会导致很多应用对策研究成果在指导实践实施中难以落实。关于船舶工业推进供给侧改革的研究刚起步，亟须进行深入系统的研究。

《中国船舶工业战略转型研究》一书重点从全球船舶工业供给市场以及供给结构的角度，对中国船舶工业战略转型的成因、机遇、目标，以及转型路径方案进行了全面系统的研究和阐述，中国船舶工业结合供给侧改革应该充分抓住“一带一路”倡议机遇，整合国内外两个市场的不同资源，深化混合所有制改革，从根本上解决中国国有造船企业的所有权与经营权的矛盾问题，让中国造船企业实现从目前平层混乱竞争关系向雁阵有序共赢关系发展模式的转变，深化供给侧结构性改革，建立产业市场需求新平衡。《中国船舶工业战略转型研究》一书基于供给侧结构性改革背景，在相关理论基础上，抓住中国“一带一路”机会，深化国有船舶企业混合所有制改革，通过供给侧结构性改革和体系创新，探索中国船舶工业转型升级、减能增效的可实施路径，为丰富和发展供给侧结构性改革的理论体系做出贡献。《中国船舶工业战略转型研究》一书在研究视角上从行业发展着手，最后深入中国造船企业发展面临的共性问题，具有鲜明的针对性和实用性。研究成果可以直接为中国造船行业现实优化发展和国有大型企业深化供给侧结构性改革提供科学有效的参考，丰富了中国船舶工业发展理论。

《中国船舶工业战略转型研究》一书的研究方法较具特色。该书在研究方法上的创新和特色之处主要有以下三点。一是文献研究、实地调研和案例分析相结合。二是数理模型、理论模型和统计、经济计量分析法相结合。该书综合采用多种数理统计和经济计量分析法，对船舶工业的发展进行建模和实证分析，包括在设定博弈要素基础上，利用演化博弈对船舶工业发展主体的博弈行为进行模型化分析；构建船舶工业生产函数模型，解释船舶工业的演化过程；在“一带一路”沿线国家承接中国船舶工业转移潜力的定量研究分析中，该书采用了五维权重模型分析法。在对中外船舶工业国际竞争力进行比较分析研究的时候，采用 SCP 理论模型、Topsis 权重数量模型和经济计量统计进行研究，利用 SPSS 专业软件进行 KMO 和 Bartlett 分析。三是比较分析和系统分析法相结合。对中国船舶工业供给侧结构性改革目标、改革重点、实施路径采用大量的比较分析和系统分析进行深入全面的研究。

《中国船舶工业战略转型研究》一书的学术思想特色突出。该书在研究中将经济、政治、文化、社会制度等各种复杂因素纳入中国船舶工业发展体系中，利用结构—空间—规制—数量四维度分析法，剖析船舶工业减能增效的内在机制和规律，实证研究船舶工业减能增效的实践发展，构筑“一带一路”倡议机遇下中国船舶工业供给侧结构性改革实施路径，具有一定的创新性。

Supply-side Structural Reform Has Pushed China's Shipbuilding Industry to Achieve High-quality Development

—Comment on *Research on Strategic Transformation of China's Shipbuilding Industry*

Ji Jianyue

(*School of Economics, Ocean University of China, Qingdao, Shandong, 266100, P. R. China*)

（责任编辑：孙吉亭）

《中国海洋经济》征稿启事

《中国海洋经济》是由山东社会科学院主办的学术集刊，主要刊载海洋人文社会科学领域中与海洋经济、海洋文化产业紧密相关的最新研究论文、文献综述、书评等，每年的 4 月、10 月由社会科学文献出版社出版。

欢迎高校、科研机构的学者，政府部门、企事业单位的相关工作人员，以及对海洋经济感兴趣的人员赐稿。来稿要求：

1. 文章思想健康、主题明确、立论新颖、论述清晰、体例规范、富有创新。文章字数为 1.0 万 ~1.5 万字。中文摘要为 240 ~260 字，关键词为 5 个，正文标题序号一般按照从大到小四级写作，即“一”“（一）”“1.”“（1）”。注释用脚注方式放在页下，参考文献用脚注方式放在页下，用带圈的阿拉伯数字表示序号。参考文献详细体例请阅社会科学文献出版社《作者手册》2014 年版，电子文本请在 www. ssap. com. cn “作者服务”栏目下载。

2. 作者请分别提供“基金项目”（可空缺）和“作者简介”。“作者简介”按姓名、出生年月、性别、工作单位、行政和专业技术职务、主要研究领域顺序写作；多位作者合作完成的，请提供多位作者简介；并附英文题目、英文作者姓名、英文单位名称、英文摘要和关键词；请另附通信地址、联系电话、电子邮箱等。

3. 提倡严谨治学，保证论文主要观点和内容的独创性。对他人研究成果的引用务必标明出处，并附参考文献；图、表等注明数据来源，不能存在侵犯他人著作权等知识产权的行为。论文查重比例不得超过 10% 。

来稿本着文责自负的原则，由抄袭等原因引发的知识产权纠纷作者将负全责，编辑部保留追究作者责任的权利。作者请勿一稿多投。

4. 来稿应采用规范的学术语言，避免使用陈旧、文件式和口语化的表述。

5. 本集刊持有对稿件的删改权，不同意删改的请附声明。本集刊所发表的所有文章都将被中国知网等收录，如不同意，请在来稿时说明。因人力有限，恕不退稿。自收稿之日 2 个月内未收到用稿通知的，作者可自行处理。

6. 本集刊采用匿名审稿制。

7. 来稿请提供电子版。本集刊收稿邮箱：1603983001@ qq. com。本集刊地址：山东省青岛市市南区金湖路 8 号《中国海洋经济》编辑部。邮编：266071。电话：0532 - 85821565。

《中国海洋经济》编辑部

2021 年 4 月

图书在版编目(CIP)数据

中国海洋经济. 第11辑 / 孙吉亭主编. -- 北京 : 社会科学文献出版社, 2021.9
ISBN 978-7-5201-8857-9

Ⅰ.①中… Ⅱ.①孙… Ⅲ.①海洋经济-经济发展-研究-中国 Ⅳ.①P74

中国版本图书馆CIP数据核字(2021)第167050号

中国海洋经济(第11辑)

主　　编 / 孙吉亭

出 版 人 / 王利民
组稿编辑 / 宋月华
责任编辑 / 韩莹莹
文稿编辑 / 陈丽丽
责任印刷 / 王京美

出　　版 / 社会科学文献出版社·人文分社(010)59367215
　　　　地址:北京市北三环中路甲29号院华龙大厦　邮编:100029
　　　　网址:www.ssap.com.cn
发　　行 / 市场营销中心(010)59367081　59367083
印　　装 / 三河市龙林印务有限公司

规　　格 / 开 本:787mm×1092mm　1/16
　　　　印 张:13　字 数:184千字
版　　次 / 2021年9月第1版　2021年9月第1次印刷
书　　号 / ISBN 978-7-5201-8857-9
定　　价 / 98.00元

本书如有印装质量问题,请与读者服务中心(010-59367028)联系